高等职业学校"十四五"规划智能制造专业群特色教材

机械零件精度设计与检测

主　编　胡　菡

副主编　方　茜　刘继芳　李　奇

主　审　焦红卫

华中科技大学出版社

中国·武汉

内 容 简 介

本书共有八个模块,包含理论知识点讲解及与知识点相对应的实训项目。每个实训项目使用的测量仪器、机械零件、测量过程、误差处理方式等都有所不同。主要实训项目有量块的基本知识与使用,轴承内、外径测量,万能角度尺的使用及角度测量等。

本书包含多种类型的电子资源,如 PPT、授课视频等,满足项目式理实一体化教学要求,可作为三年制高职或五年制高职制造大类专业和本科院校机械类相关专业的教学用书,也可作为相关技术工作人员的自学和培训用书。

图书在版编目(CIP)数据

机械零件精度设计与检测 / 胡菡主编. -- 武汉 : 华中科技大学出版社,2025.4. --(高等职业学校"十四五"规划智能制造专业群特色教材). -- ISBN 978-7-5772-1737-6

Ⅰ.TH13

中国国家版本馆 CIP 数据核字第 20250792P8 号

机械零件精度设计与检测

Jixie Lingjian Jingdu Sheji yu Jiance

胡 菡 主编

策划编辑：万亚军

责任编辑：杜筱娜

封面设计：廖亚萍

责任监印：朱 玢

出版发行：华中科技大学出版社(中国·武汉)　　　　电话：(027)81321913

　　　　　武汉市东湖新技术开发区华工科技园　　　　邮编：430223

录　　排：武汉正风天下文化发展有限公司

印　　刷：武汉市洪林印务有限公司

开　　本：787mm×1092mm　1/16

印　　张：10.5

字　　数：256 千字

版　　次：2025 年 4 月第 1 版第 1 次印刷

定　　价：39.80 元

前　言

本书根据测量任务的不同分成了八个模块,从理论知识点出发,讲解与测量任务有关的概念、标准、测量数据处理方法等,实训项目则介绍所涉及的常用测量仪器的结构及正确使用方法、基本检测原理和方法等。

本书的主要特点有:

(1)按照学生的学习路径来整合学习资源,方便学生学习和查阅。学习资源部分先介绍理论知识,再介绍实际操作,极大地方便了学生的学习,也使资源条理更加清晰。

(2)模块式教学安排。本书将理论知识点以模块铺设开来,学生通过模块学习来了解知识、掌握知识、运用知识。

(3)信息化资源丰富。本书含有资源二维码,学生扫描二维码即可获得相应的教学信息资源,且信息资源类型齐全、内容丰富,有动画、视频,还有来自企业的真实案例。

本书可作为三年制高职或五年制高职制造大类专业和本科院校机械类相关专业的教学用书,也可作为相关技术工作人员的自学和培训用书。

本书由武汉软件工程职业学院胡菡担任主编,负责全书的统稿;武汉软件工程职业学院方茜、刘继芳、李奇担任副主编,负责部分章节的撰写及电子资料的统筹;武汉软件工程职业学院机械工程学院焦红卫教授担任主审。

武汉软件工程职业学院李智教授、蒋保涛教授等人对本书的编写工作进行了悉心指导,并提出了宝贵的建议。同时,本书的编写也得到了兄弟院校同人的大力协助,在此一并表示衷心感谢!

限于编者的水平,书中难免存在不足之处,恳请读者批评指正。

编　者
2025 年 1 月

教学说明

目　　录

测量技术基础认知

1. 了解本课程的研究对象、性质、任务及要求。
2. 掌握测量技术的概念及作用。
3. 了解测量器具及其测量方法。
4. 了解误差的产生原因及处理方法。

思政目标

介绍精密测量技术在国家重大行业(如航空航天、高端装备制造等)中的应用案例,激发学生的爱国情怀,让他们认识到掌握先进技术对于国家发展的重要性。

学习重难点

重点:量块的使用方法。

难点:测量误差的分析及测量器具的选择。

教学及实训准备

教具:课本、实训报告册、绘图工具包。

教学场地:多媒体教室、测量教室(具备量块)。

≫≫≫ 知识点 1.1　测量技术基本概念

1.1.1　测量的基本概念

测量技术主要是对零件的几何量进行测量和检验的一门技术,其中零件的几何量包括长度、角度、几何形状、相互位置以及表面粗糙度等。

所谓"测量",是指确定被测对象的量值而进行的实验过程。通俗地讲,就是将一个被测量与一个作为测量单位的标准量进行比较的过程。这一过程必将产生一个比值,比值乘以测量单位即为被测量值。测量可用一个基本公式来表示,即

$$L = qE$$

式中:L 为被测量值;E 为测量单位;q 为比值。

上式被称为基本测量方程式,它表明:如果采用的测量单位 E 为 mm,与一个被测量比较所得的比值 q 为 50,则被测量值也就是测量结果应为 50 mm。测量单位越小,比值就

越大。测量单位的选择取决于被测几何量所要求的测量精度,精度要求越高,测量单位就应选得越小。

分析一个完整的测量过程可知,测量包括以下四个要素。

(1)测量对象:主要指零件的几何量。

(2)测量单位:指国家的法定计量单位,长度的基本单位是米(m),其他常用单位有毫米(mm)和微米(μm)。

(3)测量方法:指测量时所采用的测量器具、测量原理以及检测条件的综合。

(4)测量精度:指测量结果与真值的一致程度。任何测量都避免不了会产生测量误差。因此,精度和误差是两个相互对应的概念。精度越高,说明测量结果越接近真值,测量误差越小;精度越低,说明测量结果越远离真值,测量误差越大。由此可知,任何测量结果都是一个表示真值的近似值。

"检验"是一个比"测量"含义更广的概念。对于金属内部质量的检验、表面裂纹的检验等,就不能用"测量"这一概念。对于零件几何量的检验,通常只是判断被测零件是否在规定的验收极限范围内,确定其是否合格,而不一定要确定其具体的量值。

1.1.2 长度单位、基准和量值传递系统

1. 长度单位和基准

在我国法定计量单位中,长度的单位是米(m),与国际单位制一致。机械制造中常用的单位是毫米(mm),测量技术中常用的单位是微米(μm)。米、毫米、微米之间的关系如下:

$$1 \text{ m} = 1000 \text{ mm}, \quad 1 \text{ mm} = 1000 \text{ } \mu\text{m}$$

随着科学技术的进步,人类对"米"的定义也处于发展和完善的过程中。1983年第十七届国际计量大会通过了"米"的新定义:光在真空中1/299792458 s时间间隔内行程的长度。新定义并未规定以某个具体辐射波长作为基准,它具有以下几个特点。

(1)将反映物理量单位概念的定义本身与单位的复现方法分开。这样,随着科学技术的发展,复现单位的方法可不断改进,复现精度可不断提高,而不受定义的限制。

(2)定义的理论基础及复现方法均以真空中光速为给定的常数为基础。

(3)定义的表述科学简明,易于了解。

"米"定义的复现主要采用稳频激光。我国使用碘吸收稳定的0.633 μm氦氖激光辐射作为波长标准。

2. 量值传递系统

使用光波长度基准,虽然可以达到足够的准确性,但是不能直接应用于生产中的量值测量。为了保证长度基准的量值能准确地传递到工业生产中去,必须建立从光波长度基准到生产中使用的各种测量器具和工件的量值传递系统。目前,量块和线纹尺仍是实际工作中的两种实体基准,是实现从光波长度基准到测量实践的量值传递媒介。

1.1.3 量块的基本知识

量块是机械制造中精密长度计量应用最广泛的一种实体标准,它是没有刻度的平面

平行端面量具,是以两相互平行的测量面之间的距离来确定其长度的一种高精度的单值量具。

1. 量块的形状、尺寸及材料

量块的形状一般分为矩形截面的长方体和圆形截面的圆柱体(主要用作千分尺的校对棒)两种,常用的为长方体。量块有两个平行的测量面和四个非测量面,测量面极为光滑平整,非测量面较为粗糙。两测量面之间的距离 L 为量块的工作尺寸。量块的截面尺寸如表 1-1 所示。

表 1-1 量块的截面尺寸

量块工作尺寸/mm	截面尺寸/(mm×mm)
<0.5	5×15
≥0.5～10	9×30
>10	9×35

量块一般用铬锰钢或其他特殊合金钢制成,这些材料线膨胀系数小,性质稳定,不易变形,且耐磨性好。量块除了作为尺寸传递的媒介,用以体现测量单位外,还有以下用途:广泛用于检定和校准量块、量仪;相对测量时用来调整仪器的零位;有时也可用来直接检验零件,同时还可用于机械行业的精密画线和精密调整等。

2. 量块的中心长度

量块长度是指量块上测量面的任意一点到与下测量面相研合的辅助体(如平晶)表面的垂直距离。量块虽然精度很高,但其测量面亦非理想平面,两测量面也不是绝对平行的。可见,量块长度并非处处相等。因此,规定量块的尺寸是指量块测量面上中心点间的长度,用符号 L 来表示,即用量块的中心长度尺寸代表工作尺寸。量块的中心长度是指量块上测量面的中心到与此量块下测量面相研合的辅助体(如平晶)表面的垂直距离,如图 1-1 所示。量块上标出的尺寸为名义上的中心长度,称名义尺寸(或称标称长度),如图 1-2 所示。尺寸小于 6 mm 的量块,名义尺寸刻在上测量面上;尺寸大于或等于 6 mm 的量块,名义尺寸刻在一个非测量面上,而且该表面的左、右侧面分别为上测量面和下测量面。

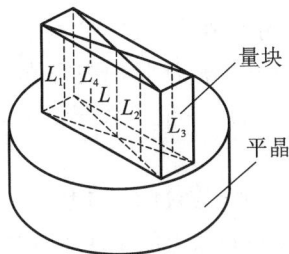

图 1-1 量块的中心长度

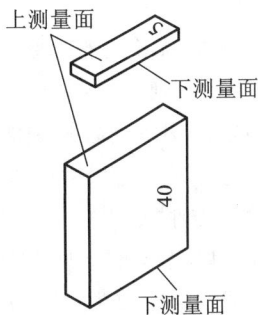

图 1-2 量块

3. 量块的研合性

每块量块只代表一个尺寸,由于量块的测量平面十分光洁和平整,因此当表面留有一层极薄(约 0.02 μm)的油膜时,用力推合两块量块使它们的测量平面互相紧密接触,这时因分子间的亲和力,两块量块便能黏合在一起,量块的这种特性称为研合性,也称为黏合性。利用量块的研合性,就可以把各种尺寸不同的量块组合成量块组,得到所需要的各种尺寸。

4. 量块的组合

为了组成各种尺寸,量块是按一定的尺寸系列成套生产的,一套包含一定数量不同尺寸的量块,装在一特制的木盒内。国家量块标准规定了 17 种成套的量块系列,从《几何量技术规范(GPS) 长度标准 量块》(GB/T 6093—2001)中摘录的几套量块的尺寸系列见实训表 1-1。

5. 量块的精度等级

1) 量块的分级

量具生产企业根据各级量块的国标要求,在制造时就将量块分了"级",并将制造尺寸标刻在量块上。测量时,就使用量块上的名义尺寸,这叫作按"级"测量。

按国标的规定,量块按制造精度分为 5 级,即 K 级、0 级、1 级、2 级、3 级。其中,K 级是校准级,0 级精度最高,之后依次降低,3 级精度最低。

2) 量块的分等

当新买来的量块使用了一个检定周期(一般为一年)后,若继续按名义尺寸使用,即按"级"使用,组合精度就会降低(由于长时间的组合使用,量块有所磨损),因此必须对量块重新进行检定,测出每块量块的实际尺寸,并按照各等量块的国家标准将其分成"等"。使用量块检定后的实际尺寸进行测量,这叫作按"等"测量。

量块按其检定精度,可分为 1 等、2 等、3 等、4 等、5 等共五等,其中 1 等精度最高,之后依次降低,5 等精度最低。

这样,一套量块就有了两种使用方法。按"级"使用时,所依据的是刻在量块上的名义尺寸,其制造误差忽略不计;按"等"使用时,所依据的是量块的实际尺寸,而忽略检定量块实际尺寸时的测量误差,但可用较低精度的量块进行比较精密的测量。因此,按"等"测量比按"级"测量的精度高。

6. 量块组合方法及原则

(1) 选择量块时,无论是按"级"测量还是按"等"测量,都应按照量块的名义尺寸进行选取。若按"级"测量,则测量结果为按"级"测量的测得值;若按"等"测量,则可将测出的结果加上量块检定表中所列各量块的实际偏差,即为按"等"测量的测得值。

(2) 将量块组合成一定尺寸时,应从所给尺寸的最后一位小数开始选取,每选一块应使尺寸至少去掉一位小数。

(3) 应使量块数尽可能少,以减小积累误差,一般不超过 3~5 块。

(4) 必须从同一套量块中选取,决不能从两套或两套以上的量块中混选。

(5) 组合时,不能将测量面与非测量面相研合。

(6) 组合时,下测量面一律朝下。

知识点 1.2 测量器具与测量方法分类、测量器具的基本技术指标

1.2.1 测量器具的分类

测量器具可按其测量原理、结构特点及用途分为以下五类。

（1）基准量具和量仪：在测量中体现标准量的量具和量仪，如量块、角度量块、激光比长仪、基准米尺等。

微课视频

（2）通用量具和量仪：可以用来测量一定范围内的任意尺寸的零件，它有刻度，可测出具体尺寸值。其按结构特点可分为以下几种：

① 固定刻线量具：如米尺、钢板尺、卷尺等。

② 游标量具：如三用游标卡尺（含带表游标卡尺、数显游标卡尺等）、游标

动画课件

深度尺、游标高度尺、齿厚游标卡尺、游标量角器等。

③ 螺旋测微量具：如外径千分尺、内径千分尺、螺纹中径千分尺、公法线千分尺等。

④ 机械式量仪：如百分表、内径百分表、千分表、杠杆齿轮比较仪、扭簧仪等。

⑤ 光学量仪：如工具显微镜、光学比较仪等。

⑥ 气动量仪：将零件尺寸的变化量通过一种装置转变成气体流量（或压力等）的变化，然后将此变化测量出来即得到零件的被测尺寸，如浮标式、压力式、流量计式气动量仪等。

⑦ 电动量仪：将零件尺寸的变化量通过一种装置转变成电流（或电感、电容等）的变化，然后将此变化测量出来即得到零件的被测尺寸，如电接触式、电感式、电容式电动量仪等。

（3）极限规：为无刻度的专用量具。它只能用来检验零件是否合格，而不能用来测得被测零件的具体尺寸，如塞规、卡规、环规、螺纹塞规、螺纹环规等。

（4）检验夹具：量具、量仪和其他定位元件等的组合体，用来提高测量或检验效率及测量精度，便于实现测量自动化，在大批量生产中应用较多。

（5）主动测量装置：是工件在加工过程中实时测量的一种装置。它一般由传感器、数据处理单元以及数据显示装置等组成。目前，它被广泛用于数控加工中心以及其他数控机床上，如数控车床、数控铣床、数控磨床等。

1.2.2 测量方法的分类

在测量中，测量方法是根据测量对象的特点来选择和确定的，其特点主要是指测量对象的尺寸大小、精度要求、形状特点、材料性质以及数量等。测量方法主要可按如下方式进行分类。

（1）根据获得被测结果的方法不同，测量方法可分为直接测量和间接测量。

直接测量：测量时，可直接从测量器具上读出被测几何量的大小值。

间接测量：被测几何量无法直接测量时，首先测出与被测几何量有关的其他几何量，然后通过一定的数学关系式进行计算来求得被测几何量的尺寸值。

（2）根据被测结果读数值的不同,即读数值是否直接表示被测尺寸,测量方法可分为绝对测量和相对测量。

绝对测量(全值测量):测量器具的读数值直接表示被测尺寸,例如用千分尺测量零件尺寸。

相对测量(微差或比较测量):测量器具的读数值表示被测尺寸相对于标准量的微差值或偏差。该测量方法有一个特点,即在测量之前必须首先用量块或其他标准量具将测量器具对零。

（3）根据零件的被测表面与测量器具的测量头是否有机械接触,测量方法可分为接触测量和非接触测量。

接触测量:测量器具的测量头与零件被测表面以机械测量力接触,例如千分尺测量零件、百分表测量轴的圆跳动等。测量力会使零件被测表面产生变形,引起测量误差,使测量头磨损以及划伤被测表面等。

非接触测量:测量器具的测量头与被测表面不接触,不存在机械测量力,特别适合薄结构、易变形零件的测量。

（4）根据同时测量参数的多少,测量方法可分为单项测量和综合测量。

单项测量:单独测量零件的每一个参数。例如:用工具显微镜测量螺纹时可分别单独测量出螺纹的中径、螺距、牙型半角等。

综合测量:测量零件两个或两个以上相关参数的综合效应或综合指标。例如:用螺纹塞规或环规检验螺纹的作用中径。

（5）根据测量对机械制造工艺过程所起的作用不同,测量方法可分为被动测量和主动测量。

被动测量:在零件加工后进行的测量。这种测量只能判断零件是否合格,其测量结果主要用来发现并剔除废品。

主动测量:在零件加工过程中进行的测量。这种测量可直接控制零件的加工过程,及时防止废品的产生。

（6）根据被测量或敏感元件(测量头)在测量中相对状态的不同,测量方法可分为静态测量和动态测量。

静态测量:测量时,被测表面与敏感元件处于相对静止状态。

动态测量:测量时,被测表面与敏感元件处于工作(或模拟)过程中的相对运动状态。

1.2.3　测量器具的基本技术指标

（1）刻度间距 C:简称刻度,它是标尺上相邻两刻线中心线之间的实际距离(或圆周弧长)。为了便于目测估读,一般刻线间距在 $1\sim2.5$ mm 范围内。

（2）分度值 i:也叫刻度值、精度值,简称精度,它是指测量器具标尺上一个刻度间隔所代表的测量数值。

（3）示值范围:是指测量器具标尺上全部刻度间隔所代表的最大值与最小值之间的范围。

（4）量程:测量器具示值范围的上限值与下限值之差。

（5）测量范围:测量器具所能测量出的零件的最大尺寸和最小尺寸。

（6）灵敏度：能引起量仪指示数值变化的被测尺寸的最小变动量。灵敏度反映了量仪对被测数值微小变动的敏感程度。

（7）示值误差：量具或量仪上的读数与被测尺寸实际数值之差。

（8）测量力：在测量过程中量具或量仪的测量头与被测表面之间的接触力。

（9）放大比 K：也叫传动比，它是指量仪指针的直线位移（或角位移）与引起这个位移的原因（即被测量尺寸变化）之比。这个比等于刻度间隔与分度值之比，即 $K = C/i$。

❯❯❯ 知识点 1.3　测量误差

1.3.1　测量误差的基本概念

当测量某一量值时，用一台仪器按同一测量方法由同一测量者进行若干次测量，所获得的结果是不同的。若用不同的仪器、不同的测量方法，由不同的测量者来测量同一量值，则这种差别将会更加明显。被测量的实际测得值与被测量的真值之间的差异，叫作测量误差，即

$$\delta = X - Q$$

式中：δ 为测量误差；X 为被测量的实际测得值；Q 为被测量的真值。

测量误差分为绝对误差和相对误差。其中，上式所表示的测量误差叫作测量的绝对误差，用来判定相同被测几何量的测量精确度。由于 X 可能大于、等于或小于 Q，因此，δ 可能是正值、零或负值。这样，上式可写为

$$Q = X \pm \delta$$

上式说明：测量误差 δ 的大小决定了测量的精确度，δ 越大，则精确度越低，δ 越小，则精确度越高。

对于不同大小的同类几何量，一般采用相对误差的概念来比较测量精确度。相对误差是指绝对误差 δ 和被测量的实际测得值 X 的比值，一般用百分数（%）来表示，即

$$f \approx \frac{\delta}{X} \times 100\%$$

式中：f 为相对误差。

由上式可以看出，相对误差 f 是一个没有单位的数值。

例如：有两个被测量的实际测得值 $X_1 = 100$，$X_2 = 10$，$\delta_1 = \delta_2 = 0.01$，则其相对误差为

$$f_1 = \frac{\delta_1}{X_1} \times 100\% = \frac{0.01}{100} \times 100\% = 0.01\%$$

$$f_2 = \frac{\delta_2}{X_2} \times 100\% = \frac{0.01}{10} \times 100\% = 0.1\%$$

由上例可以看出，两个不同大小的被测量，虽然具有相同的绝对误差，但是其相对误差是不同的，显然，$f_1 < f_2$，表示前者的精确度比后者高。

1.3.2　测量误差的来源

产生测量误差的原因有很多，主要包括以下几个方面。

1. 计量器具误差

计量器具误差是指由于计量器具本身存在的误差而引起的测量误差。具体地说,它是由计量器具本身的设计、制造以及装配、调整不准确而引起的误差,一般表现在计量器具的示值误差和重复精度上。

设计计量器具时,结构不符合理论要求或在理论上采用了某种近似都会产生误差。制造以及装配、调整不准确也会产生误差,如计量器具测量头的直线位移与计量器具指针的角位移不成比例、计量器具的刻度盘安装偏心、刻度尺的刻线不准确等。

以上这些误差使计量器具所指示的数值并不完全符合被测几何量变化的实际情况,这种误差叫作示值误差。示值误差是很小的,每一种仪器都规定了相应的示值误差允许范围。

2. 基准件误差

所有基准件或基准量具,虽然制作得非常精确,但是都不可避免地存在误差。基准件误差就是指作为标准量的基准件本身存在的误差,例如量块的制造误差等。

在测量中,要合理选择基准件的精度,基准件的误差应不超过总测量误差的 $1/5 \sim 1/3$。

3. 方法误差

方法误差是指由选择的测量方法和定位方法不完善所引起的误差,例如测量方法选择不当、工件安装不合理、计算公式不精确、采用近似的测量方法或间接测量法等造成的误差。

4. 环境误差

环境误差是指由环境因素与要求的标准状态不一致所引起的测量误差。影响测量结果的环境因素有温度、湿度、振动和灰尘等。其中温度影响最大,这是由于各种材料几乎对温度都非常敏感,都具有热胀冷缩的现象。因此,在长度计量中规定标准温度为 20 ℃。

5. 人员误差及读数误差

人员误差是指由人的主观和客观原因所引起的测量误差。读数误差是人员误差的一种,它是指当计量器具指针处在表盘上相邻两刻线之间时,需要测量者估读而产生的误差。除数字显示的计量器具外,这种测量误差是不可避免的。

6. 测量力引起的变形误差

测量力引起的变形误差是指使用计量器具进行接触测量时,测量力使零件与测量头接触的部分发生微小变形而产生的测量误差。特别是当测量头移动的速度较快时,由冲击或滑动而产生的动态测量力会形成较大的测量误差,因而为了减小由测量力的变化所造成的测量误差,在操作时要轻放测量头,并尽可能在调零时和测量时保持一致。

一般计量器具的测量力大都控制在 200 g 以内,高精度量仪的测量力控制在几十克甚至几克之内。为了控制测量力对测量结果的影响,计量器具一般应具有使测量力保持恒定的装置,如百分表和千分表上的弹簧、千分尺上的棘轮机构等。

1.3.3　测量误差的分类

根据误差的特点与性质,以及误差出现的规律,测量误差可分为系统误差、随机误差和粗大误差三种基本类型。

1. 系统误差

在相同条件下多次重复测量同一量值时,误差的数值和符号保持不变,或在条件改变时,按某一确定规律变化的误差称为系统误差。

可见系统误差有定值系统误差和变值系统误差两种。例如,在立式光学比较仪上用相对法测量工件直径,调整仪器零点所用量块的误差,对每次测量结果的影响都相同,属于定值系统误差;在测量过程中,若温度产生均匀变化,则引起的误差为线性系统变化,属于变值系统误差。

从理论上讲,当测量条件一定时,系统误差的大小和符号是确定的,因而,也是可以被消除的。但实际工作中,系统误差不一定能够完全消除,只能减小到一定的程度。系统误差根据被掌握的情况,可分为已定系统误差和未定系统误差两种。

已定系统误差是符号和绝对值均已确定的系统误差。对于已定系统误差,应予以消除或修正,即将测得值减去已定系统误差作为测量结果。例如,0~25 mm 千分尺两测量面合拢时读数不对准零位,而是+0.005 mm,用此千分尺测量零件时,每个测得值都将大0.005 mm。此时可用修正值-0.005 mm 对每个测量值进行修正。

未定系统误差是指符号和绝对值未经确定的系统误差。对未定系统误差,应在分析原因、发现规律或采用其他手段的基础上,估计误差可能出现的范围,并尽量减小和消除。

2. 随机误差

随机误差是指在相同条件下,对同一被测量进行无限多次测量时,绝对值与符号均不定的误差。实际工作中,测量只能进行有限次,故能确定的只是随机误差的估计值。

1) 随机误差的性质及分布规律

随机误差是由测量过程中许多难以控制的偶然因素或不稳定因素引起的,它的出现虽然是无规律可循的,但是,如果进行多次重复测量,则可以发现这些误差的出现服从统计学中的正态分布规律。

用立式测长仪对同一零件的某一部位用同一方法进行 150 次重复测量,然后将 150 个测得值按大小分组列入表 1-2 中。将这些数据画成图,横坐标表示测量中值 X_i,纵坐标表示相对出现次数 n_i/N,得到图 1-3 所示的图形,称为频率直方图。连接每个小方图的上部中点得到一折线,称为实际分布曲线。如果测量次数足够多且分组足够细,则会得到一条光滑曲线,即正态分布曲线,如图 1-4 所示。该曲线具有如下四个基本特性:

　(1) 单峰性　绝对值小的误差比绝对值大的误差出现的次数多。

　(2) 对称性　绝对值相等、符号相反的误差出现的次数大致相等。

　(3) 有界性　在一定测量条件下,随机误差的绝对值不会超过一定的界限。

　(4) 抵偿性　当测量次数无限增多时,随机误差的算术平均值趋向于零。

表 1-2　测得值的分布

组别	测量值范围/mm	测量中值 X_i/mm	出现次数 n_i	相对出现次数 n_i/N
1	7.1305～7.1315	$X_1=7.131$	$n_1=1$	0.007
2	7.1315～7.1325	$X_2=7.132$	$n_2=3$	0.020
3	7.1325～7.1335	$X_3=7.133$	$n_3=8$	0.053
4	7.1335～7.1345	$X_4=7.134$	$n_4=18$	0.120
5	7.1345～7.1355	$X_5=7.135$	$n_5=28$	0.187
6	7.1355～7.1365	$X_6=7.136$	$n_6=34$	0.227
7	7.1365～7.1375	$X_7=7.137$	$n_7=29$	0.193
8	7.1375～7.1385	$X_8=7.138$	$n_8=17$	0.113
9	7.1385～7.1395	$X_9=7.139$	$n_9=9$	0.060
10	7.1395～7.1405	$X_{10}=7.140$	$n_{10}=2$	0.013
11	7.1405～7.1415	$X_{11}=7.141$	$n_{11}=1$	0.007

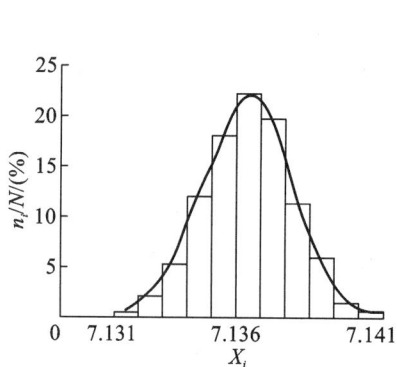

图 1-3　频率直方图

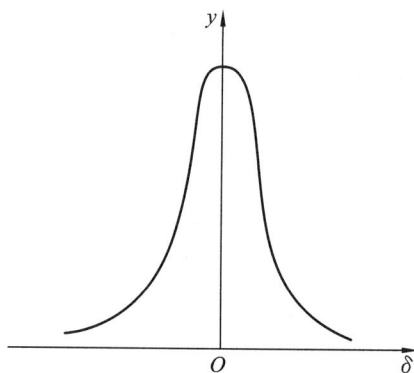

图 1-4　正态分布曲线

2）随机误差的评定指标

由概率论可知，正态分布曲线（图 1-4）用分布密度进行描述，即

$$y=\frac{1}{\sigma\sqrt{2\pi}}e^{-\frac{\delta^2}{2\sigma^2}}$$

式中：y 为随机误差的概率分布密度；δ 为随机误差，$\delta=$测得值－真值；e 为自然对数的底数，e=2.71828；σ 为标准偏差，也称均方根误差。

（1）标准偏差 σ。

它能够评定随机误差的尺度，由下式计算：

$$\sigma=\sqrt{\frac{\delta_1^2+\delta_2^2+\cdots+\delta_n^2}{n}}=\sqrt{\frac{\sum_{i=1}^{n}\delta_i^2}{n}}$$

式中:n 为测量次数。

图 1-5 是不同的标准偏差对应不同的正态分布曲线比较,图中$\sigma_1<\sigma_2<\sigma_3$,而$y_{1max}>y_{2max}>y_{3max}$。这表明 σ 越小(即测量误差越小),曲线越陡,随机误差分布越集中,测量的可靠性就越高。故 σ 是反映误差分散程度的参数。

(2) 算术平均值 $\overline{x}$。

在同一条件下,对同一个量进行多次(n)重复测量,由于测量误差的影响,将得到一系列不同的测得值 $x_1,x_2,\cdots,x_n$,这些量的算术平均值为

$$\overline{x}=\frac{1}{n}(x_1+x_2+\cdots+x_n)=\frac{1}{n}\sum_{i=1}^{n}x_i$$

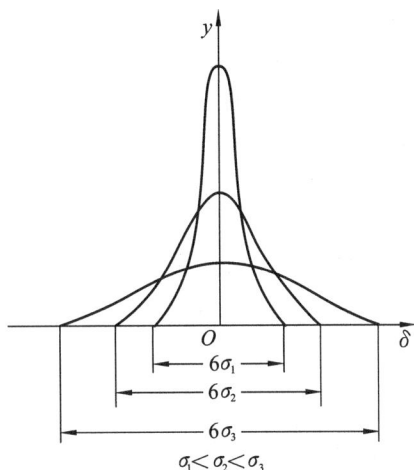

图 1-5 标准偏差对随机误差分布特性的影响

如果在消除了系统误差的前提下,对某一量进行无数次等精度测量,则所有测得值的算术平均值就等于真值。事实上,做无数次测量是不可能的,但是,如果进行有限次测量,则可以证明,各次测得值的算术平均值是最接近真值的最佳值。因此,把测得值的算术平均值作为测量的最后结果是可靠的,而且也是合理的。

(3) 标准偏差的估计值 σ'。

计算 σ' 值必须具备三个条件:①真值必须已知;②测量次数要为无限次($n\to\infty$);③无系统误差。但在实际测量中要达到这三个条件是不可能的,因为真值无法得知,则 δ_i(各次测得值－真值)也就无法得知,测量次数也是有限量,所以在实际测量中常采用残余误差 v_i 代替 δ_i 来估算标准偏差。标准偏差的估计值 σ' 为

$$\sigma'=\sqrt{\frac{1}{n-1}\sum_{i=1}^{n}v_i^2}$$

(4) 残余误差 v_i。

用算术平均值 $\overline{x}$ 代替真值 u 所计算的误差,称为残余误差 v_i。

$$v_i=x_i-\overline{x}$$

残余误差具有下述两个特性。

① 残余误差的代数和等于零,即

$$\sum_{i=1}^{n}v_i=0$$

② 残余误差的平方和为最小,即

$$\sum_{i=1}^{n}v_i^2=\min$$

当误差的平方和为最小时,由最小二乘法原理可知,测量结果是最佳值。这就说明了 $\overline{x}$ 是 u 的最佳估值。

3) 随机误差的分布界限

从随机误差的单峰性和有界性可知,随机误差越大,出现的概率越小,反之出现的概

率越大。从图 1-4 可以看出,随机误差的正态分布曲线是一条相对横坐标的渐近曲线,只有随机误差 δ 达到正、负无穷大时曲线才与横坐标相交。相交点的概率密度 y(纵坐标)等于零,这就是说随机误差 δ 等于正、负无穷大这一事件出现的概率等于零,即不可能。所以随机误差是有界的。

若把整个误差曲线包围的面积看作所有随机误差出现的概率之和 P,便可得到下式:

$$P = \int_{-\infty}^{+\infty} y \, \mathrm{d}\delta = \int_{-\infty}^{+\infty} \frac{1}{\sigma\sqrt{2\pi}} \mathrm{e}^{-\frac{\delta^2}{2\sigma^2}} \mathrm{d}\delta = 1$$

研究随机误差出现在正、负无穷大区间的概率是没有实际意义的。在实际计量工作中,要研究的是随机误差出现在 $\pm\delta$ 范围内的概率 P,于是便有

$$P = \frac{1}{\sigma\sqrt{2\pi}} \int_{-\infty}^{+\infty} \mathrm{e}^{-\frac{\delta^2}{2\sigma^2}} \mathrm{d}\delta$$

将上式进行变量置换,设 $t = \delta/\sigma$,则有

$$\mathrm{d}t = \frac{\mathrm{d}\delta}{\sigma}$$

将其代入上式可得

$$P = \frac{1}{\sqrt{2\pi}} \int_{-t}^{t} \mathrm{e}^{-\frac{t^2}{2}} \mathrm{d}t = \frac{2}{\sqrt{2\pi}} \int_{0}^{t} \mathrm{e}^{-\frac{t^2}{2}} \mathrm{d}t$$

又可写成如下形式:

$$P = 2\Phi(t)$$

$\Phi(t)$ 称为拉普拉斯函数,也称概率积分。只要给出 t 值便可计算出概率。不同的 t 值对应的概率可从有关手册中查得,为了使用方便,表 1-3 列出了四个不同 t 值对应的概率。

表 1-3 四个不同 t 值对应的概率

t	$\delta = \pm t\sigma$	不超出 $|\delta|$ 的概率 $P = 2\Phi(t)$	超出 $|\delta|$ 的概率 $P' = 1 - P$
1	1σ	0.6826	0.3174
2	2σ	0.9544	0.0456
3	3σ	0.9973	0.0027
4	4σ	0.99936	0.00064

由表 1-3 中 t 值与概率的数值关系可以发现,随着 t 值的增大,概率并没有明显增大。当 $t=3$ 时,随机误差 δ 在 $\pm 3\sigma$ 范围内的概率为 99.73%,超出 $\pm 3\sigma$ 的概率只有 0.27%,可以近似地认为超出 $\pm 3\sigma$ 的可能性为零。

因此,在估计测量结果的随机误差时,往往把 $\pm 3\sigma$ 作为随机误差的极限值,即测量极限误差 $\delta_{\mathrm{lim}} = \pm 3\sigma$。

按 $\delta_{\mathrm{lim}} = \pm 3\sigma$ 估计随机误差的意义是:测量结果中包含的随机误差不超出 $\delta_{\mathrm{lim}} = \pm 3\sigma$ 的可信赖程度达 99.73%。

3. 粗大误差

粗大误差(也叫过失误差)是指超出了在一定条件下可能出现的误差。它是由测量时

疏忽大意(如读数错误、计算错误等)或环境条件的突变(冲击、振动等)而造成的。在处理数据时,必须按一定的准则将其从测量数据中剔除。

1.3.4　测量精度

测量精度是指几何量的测得值与其真值的接近程度。它与测量误差是相对应的两个概念,是从两个不同的角度说明同一概念的术语。测量误差越大,测量精度就越低;测量误差越小,测量精度就越高。为了反映系统误差与随机误差的区别及其对测量结果的影响,以打靶为例进行说明。如图 1-6 所示,圆心表示靶心,黑点表示弹孔。图 1-6(a)为弹孔密集但偏离靶心,说明随机误差小而系统误差大;图 1-6(b)为弹孔较为分散,但基本围绕靶心分布,说明随机误差大而系统误差小;图 1-6(c)为弹孔密集且围绕靶心分布,说明随机误差和系统误差都非常小;图 1-6(d)为弹孔既分散又偏离靶心,说明随机误差和系统误差都较大。

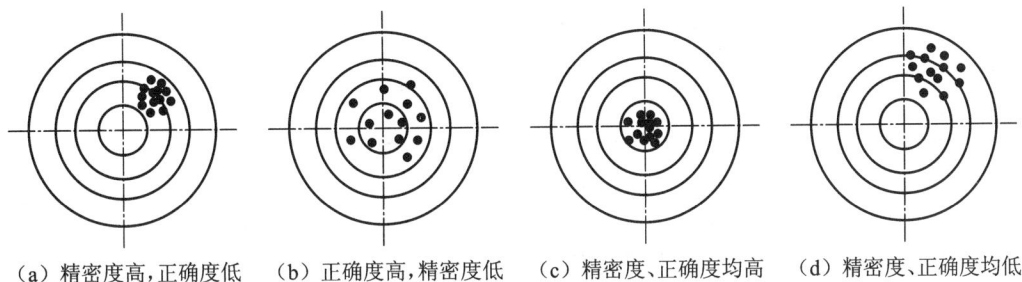

（a）精密度高,正确度低　　（b）正确度高,精密度低　　（c）精密度、正确度均高　　（d）精密度、正确度均低

图 1-6　测量精度分类示意图

根据以上分析,为了准确描述测量精度的具体情况,可将其进一步分为精密度、正确度和准确度。

1. 精密度

精密度是指在同一条件下对同一几何量进行多次测量时,该几何量各次测量结果的一致程度。它表示测量结果受随机误差的影响程度。若随机误差小,则精密度高。

2. 正确度

正确度是指在同一条件下对同一几何量进行多次测量时,该几何量各次测量结果与其真值的符合程度。它表示测量结果受系统误差的影响程度。若系统误差小,则正确度高。

3. 准确度(或称精确度)

准确度表示对同一几何量连续进行多次测量所得到的测得值与其真值的一致程度。它表示测量结果受系统误差和随机误差的综合影响程度。若系统误差和随机误差都小,则准确度高。

由上述分类可知,图 1-6(a)为精密度高而正确度低;图 1-6(b)为正确度高而精密度低;图 1-6(c)为精密度和正确度都高,因而准确度也高;图 1-6(d)为精密度和正确度都低,所以准确度也低。

1.3.5　误差的处理

1. 随机误差的数据处理

通过采用多次重复测量,可以减小随机误差的影响,测量次数一般为 5～15 次。取多次测量的算术平均值作为测量结果,可以提高测量精度。若在相同条件下,重复测量 n 次,单次测量的标准偏差估算值为 σ',则 n 次测量的算术平均值标准偏差估算值 $\sigma'_{\bar{x}}=\sigma'/\sqrt{n}$,测量结果为 $\bar{x}\pm3\sigma'_{\bar{x}}$。

例 1-1　对一轴长进行 10 次测量,测得值见表 1-4,求测量结果。

表 1-4　轴长的 10 次测得值

测量次数	实际测得值 x_i/mm	残余误差 $v_i=x_i-\bar{x}$/μm	v_i^2/μm²
1	50.454	-3	9
2	50.459	$+2$	4
3	50.459	$+2$	4
4	50.454	-3	9
5	50.458	$+1$	1
6	50.459	$+2$	4
7	50.456	-1	1
8	50.458	$+1$	1
9	50.458	$+1$	1
10	50.455	-2	4
计算结果	$\bar{x}=50.457$	$\sum v_i=0$	$\sum v_i^2=38$

解　(1) 求算术平均值 $\bar{x}$:

$$\bar{x}=\frac{1}{n}\sum x_i=50.457\text{ mm}$$

(2) 求残余误差:

$$\sum v_i=0,\quad \sum v_i^2=38\ \mu m^2$$

(3) 求单次测量的标准偏差估算值 σ':

$$\sigma'=\sqrt{\frac{1}{n-1}\sum_{i=1}^{n}v_i^2}\approx2.05\ \mu m$$

(4) 求算术平均值的标准偏差估算值 $\sigma'_{\bar{x}}$:

$$\sigma'_{\bar{x}}=\frac{\sigma'}{\sqrt{n}}=\frac{2.05}{\sqrt{10}}\approx0.65\ \mu m$$

(5) 计算测量值列极限误差：

$$\delta_{\lim}=\pm 3\sigma'_{\bar{x}}=\pm 1.95\ \mu m$$

(6) 测量结果：

$$l=\bar{x}\pm 3\sigma'_{\bar{x}}=(50.457\pm 0.002)\ mm$$

2. 系统误差的处理

实践中常采用误差修正法、误差抵偿法和误差分离法来消除或减小系统误差对测量结果的影响。

1）误差修正法

如果知道测量结果（未修正的结果）中包含的系统误差的大小和符号，则可用测量结果减去已知的系统误差值来获得不含（或少含）系统误差的测量结果（已修正结果）。

例如，用比较测量法（相对测量法）测量零件的尺寸，比较仪的零位是用量块尺寸来调整的。而测量结果是由量块尺寸加比较仪的读数求得的。由于量块尺寸存在误差，零件尺寸测量结果中就包含由此量块的误差而引入的系统误差。为了修正此系统误差，可用高一等级的量块（作为约定真值）对此量块尺寸进行检定，获得量块尺寸误差，将此误差取相反的符号获得修正值，并用代数法将此修正值加到零件测量结果中，从而得到修正的测量结果。

误差修正法在高准确度测量中的应用比较广泛，此时所使用的测量仪器（如各类坐标测量机）的示值均有误差修正表，以便在测量时对误差进行修正。

2）误差抵偿法

实践中有的误差修正值难以获得，但通过分析发现，有的测量结果中包含的系统误差值和另一个测量结果中包含的系统误差值的大小相等，而符号则相反。因此，用这两个测量结果相加取平均值，即可抵消其系统误差。

例如，在度盘测量中，由于度盘安装存在偏心，度盘分度值的测量会产生系统误差，此系统误差值随度盘转过角度的不同而呈周期性变化。此时，如果在度盘相距 180° 的转角位置上安装两个读数头，将两个读数头读出的角度值相加取平均值，则能抵消由偏心引起的系统误差。误差抵偿法还常用在螺纹测量中，测量螺纹时，被测螺纹在安装中，其轴心与仪器纵向导轨移动方向不平行，则在测量螺纹的中径、螺距和牙形半角时均可能出现系统误差。为了消除这些误差，可在螺牙的左、右牙侧上进行测量或在轴线两侧螺牙的左、右牙侧上进行测量，取相应的测量值的平均值。

3）误差分离法

误差分离法就是将形状误差与所用的仪器的误差分离开，从而得到精确的测量结果，常用在形状误差测量中。例如，在圆度仪上测量零件的圆度误差和在大型加工机床上在位测量大型轴类零件的圆度误差时，圆度仪主轴的回转轴系和机床主轴轴系的误差，均可带入被测零件的测量结果而产生测量的系统误差，这种误差可采用误差分离法（如反向法、多步法和多测头法）将测量结果中的回转轴系误差分离开，从而获得准确的测量结果。

3. 粗大误差的处理

粗大误差是指超出在规定条件下预计的测量误差值的测量误差,它明显地歪曲了测量结果。粗大误差是由主观和客观原因造成的,主观原因如测量人员疏忽造成读数误差和记录误差,客观原因如外界突然振动引起的误差等。

粗大误差常用 3σ 准则,即拉依达准则来判断。它主要用于测量次数多于 10 次,且服从正态分布的误差。所谓 3σ 准则,是指在测量值数列中,凡是测量值与算术平均值之差即残余误差 v_i 的绝对值大于标准偏差 σ 的 3 倍的,都认为该测量值具有粗大误差,应从测量值数列中将其剔除。

》》》 实训项目 1   量块的基本知识与使用

一、实训目的

(1) 认识量块。
(2) 掌握量块的使用方法。

微课视频

二、使用量具

本次实训主要使用的量具为量块(83 块、91 块、103 块等不同规格)。

三、实训任务

对于尺寸 29.765 mm 和 38.995 mm,按照 83 块一套的量块应如何进行组合测量?

四、实训报告书写

按以下格式写出选取量块的结果。

要组成 28.935 mm 的尺寸,若采用 83 块一套的量块,参照实训表 1-1,其选取方法如下:

$$
\begin{array}{r}
28.935 \\
-1.005 \\
\hline
27.93 \\
-1.43 \\
\hline
26.5 \\
-6.5 \\
\hline
20 \\
-20 \\
\hline
0
\end{array}
$$

- 第一块量块的尺寸为 1.005 mm
- 第二块量块的尺寸为 1.43 mm
- 第三块量块的尺寸为 6.5 mm
- 第四块量块的尺寸为 20 mm

以上四块量块研合后的整体尺寸为 28.935 mm。

五、实训参考

实训表 1-1 列出了部分成套量块的尺寸。

实训表 1-1　成套量块尺寸表(摘自 GB/T 6093—2001)

套别	总块数	级别	尺寸系列/mm	间隔/mm	块数
1	91	0,1	0.5	—	1
			1	—	1
			1.001,1.002,…,1.009	0.001	9
			1.01,1.02,…,1.49	0.01	49
			1.5,1.6,…,1.9	0.1	5
			2.0,2.5,…,9.5	0.5	16
			10,20,…,100	10	10
2	83	0,1,2	0.5	—	1
			1	—	1
			1.005	—	1
			1.01,1.02,…,1.49	0.01	49
			1.5,1.6,…,1.9	0.1	5
			2.0,2.5,…,9.5	0.5	16
			10,20,…,100	10	10
3	46	0,1,2	1	—	1
			1.001,1.002,…,1.009	0.001	9
			1.01,1.02,…,1.09	0.01	9
			1.1,1.2,…,1.9	0.1	9
			2,3,…,9	1	8
			10,20,…,100	10	10

练习题

1-1　测量的定义是什么?一个几何量的完整测量过程包含哪几个方面的要素?

1-2　量块按"级"使用与按"等"使用有何区别?按"等"使用时,如何选择量块并处理数据?

1-3　请举例说明什么是绝对测量和相对测量、直接测量和间接测量。

1-4　"刻度值"和"刻度间隔"有何区别？试分别以机械式手表的时针、分针及秒针为例加以说明。

1-5　测量误差按性质可分为哪几类？各有什么特征？

1-6　随机误差的极限误差是什么？怎样处理随机误差？

1-7　粗大误差能剔除吗？怎样进行处理？

1-8　测量精度分为哪几类？试以打靶为例加以理解和说明。

1-9　测量 80 mm 和 150 mm 长度量值，其绝对测量误差的绝对值分别为 6 μm 和 8 μm，请问两者的测量精度哪个较高？

1-10　用千分尺对某一零件的尺寸进行 10 次测量，测得值为 23.31 mm、23.45 mm、23.46 mm、23.18 mm、23.70 mm、23.21 mm、23.65 mm、23.55 mm、23.46 mm、23.35 mm，请计算其测量结果。

孔与轴的公差与配合

1. 了解内、外径及长度的测量原理及方法。
2. 掌握内径百分表的测量原理和使用方法。
3. 熟悉游标类和螺旋测微类量具的测量原理和使用方法。
4. 理解孔、轴零件的公差带代号及配合代号并会应用。

思 政 目 标

培养学生严谨求实的工作态度、精益求精的治学精神。

学习重难点

重点:正确理解有关尺寸、公差、偏差、配合等术语和定义。

难点:标准公差值、基本偏差值的查表及确定。

教学及实训准备

教具:课本、实训报告册、绘图工具包。

教学场地:多媒体教室、测量教室(具备游标类和螺旋测微类量具)。

》》》 知识点 2.1 基本术语及定义

2.1.1 孔和轴的定义

(1) 孔通常是指工件的圆柱形内表面,也包括非圆柱形的内表面,图 2-1 中所标注的各尺寸均为孔的尺寸。

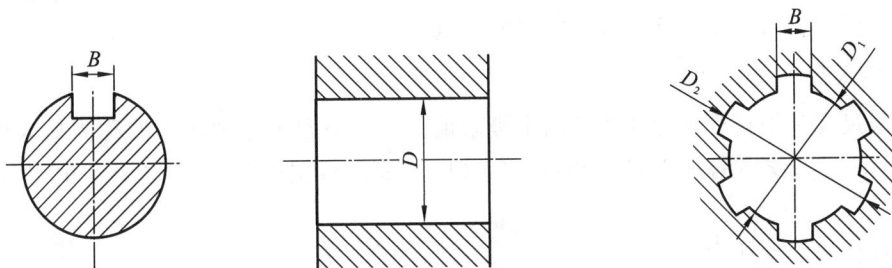

图 2-1 孔

（2）轴是指工件的圆柱形外表面，也包括非圆柱形的外表面，图 2-2 中所标注的各尺寸均为轴的尺寸。

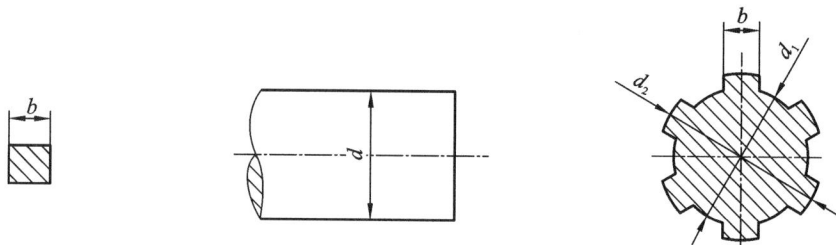

图 2-2 轴

公差配合中，孔和轴的含义是广义的，其特性是：孔为包容面，尺寸之间无材料，在加工过程中，尺寸越加工越大；轴为被包容面，尺寸之间有材料，在加工过程中，尺寸越加工越小。

采用广义孔和轴概念的目的是确定工件的尺寸极限和相互的配合关系，同时也拓宽了极限与配合有关标准的应用范围。它不仅应用于圆柱内、外表面的结合，也可以用于非圆柱内、外表面的配合。例如：图 2-1 与图 2-2 中，单键与键槽的配合；花键结合中内、外花键的大径、小径及键与键槽的配合等。

2.1.2 关于尺寸的术语及定义

1. 尺寸

尺寸是以特定单位表示线性尺寸的数值，一般指两点间的距离，如长度、宽度、高度、直径等，在机械制造中通常用毫米（mm）为单位表示。

2. 基本尺寸

基本尺寸是设计给定的尺寸，用 D、d 表示（D 表示孔的尺寸，d 表示轴的尺寸）。它是在设计中，根据运动、强度、结构等要求，通过计算或实验的方法，划整后确定的。基本尺寸应该在优先数系中选择，以减少切削刀具、测量工具和型材等规格。

3. 实际尺寸

实际尺寸是指通过测量得到的尺寸，用 D_a、d_a 表示。

由于加工误差的存在，按同一图样要求所加工的各个零件，其实际尺寸往往各不相同。即使是同一工件上的同一尺寸，在不同位置、不同方向上测得的实际尺寸也往往不同，存在测量误差，所以实际尺寸并非尺寸的真值。

4. 极限尺寸

极限尺寸是指允许尺寸变化的两个极限值。两个极限尺寸中较大的称为最大极限尺寸（D_{max}，d_{max}），较小的称为最小极限尺寸（D_{min}，d_{min}），实际尺寸应位于其中，如图 2-3 所示。

零件合格的条件为

$$D_{min} \leqslant D_a \leqslant D_{max}$$

$$d_{\min} \leqslant d_a \leqslant d_{\max}$$

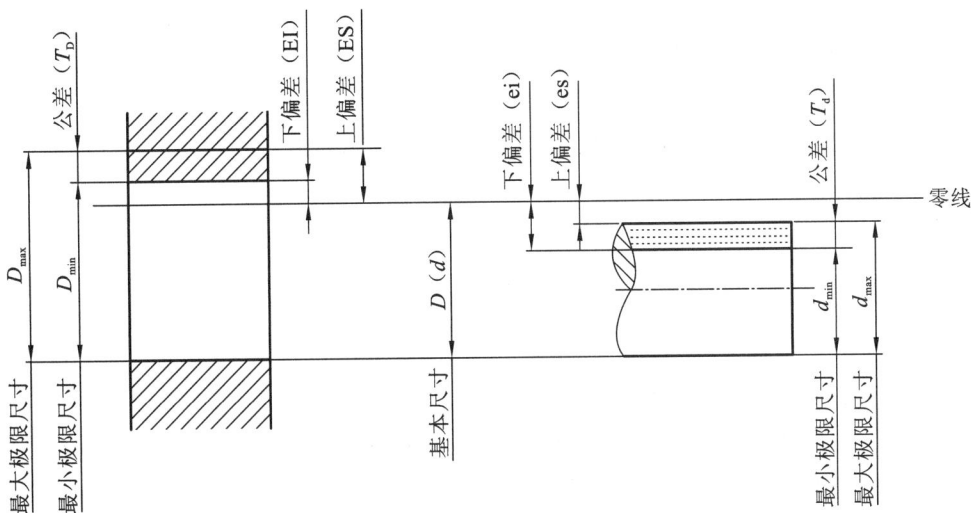

图 2-3　极限与配合示意图

2.1.3　关于尺寸偏差及公差的术语及定义

1. 尺寸偏差

尺寸偏差简称偏差,是某一尺寸与其基本尺寸的代数差,分为以下几类。

(1) 实际偏差:实际尺寸(D_a、d_a)减去基本尺寸(D、d)的代数差。

孔的实际偏差:

$$E_a = D_a - D$$

轴的实际偏差:

$$e_a = d_a - d$$

(2) 极限偏差:某尺寸与基本尺寸的代数差,其中最大极限尺寸与基本尺寸之差称为上偏差,最小极限尺寸与基本尺寸之差称为下偏差,其值可正、可负或为零,用公式表示如下。

孔的上偏差:

$$ES = D_{\max} - D$$

孔的下偏差:

$$EI = D_{\min} - D$$

轴的上偏差:

$$es = d_{\max} - d$$

轴的下偏差:

$$ei = d_{\min} - d$$

ES(es)和 EI(ei)分别为法文上、下偏差的缩写,其大写表示孔,小写表示轴。

零件尺寸合格的条件可用偏差表示如下。

孔的合格条件:

$$EI \leqslant E_a \leqslant ES$$

轴的合格条件：

$$ei \leqslant e_a \leqslant es$$

2. 公差

公差是指允许尺寸的变动量，是最大极限尺寸与最小极限尺寸之差。用 T_D 表示孔的公差，T_d 表示轴的公差，则

孔的公差：

$$T_D = D_{max} - D_{min} = ES - EI$$

轴的公差：

$$T_d = d_{max} - d_{min} = es - ei$$

显然，公差一定是不为零的正值。

例 2-1　已知孔的基本尺寸 $D = 60$ mm，最大极限尺寸 $D_{max} = 60.015$ mm，最小极限尺寸 $D_{min} = 59.985$ mm，计算其上、下偏差及公差。

解
$$ES = D_{max} - D = (60.015 - 60) \text{ mm} = +0.015 \text{ mm}$$
$$EI = D_{min} - D = (59.985 - 60) \text{ mm} = -0.015 \text{ mm}$$
$$T_D = D_{max} - D_{min} = ES - EI = (60.015 - 59.985) \text{ mm} = 0.03 \text{ mm}$$

3. 公差带图及公差带

由图 2-3 可以看出：尺寸与公差的数值相差很大，不便统一。尺寸是毫米级，而公差是微米级，显然图中的公差部分被放大了。

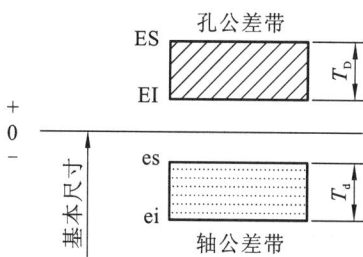

图 2-4　公差带图

为了表示尺寸、极限偏差和公差之间的关系，采用简明的公差带图来表示极限与配合的关系，此图不必画出孔和轴的全形，它由零线和公差带组成，如图 2-4 所示。

1) 零线

零线是确定偏差的基准线。它所代表的尺寸为基本尺寸，是极限偏差的起始线。零线上方表示正偏差，零线下方表示负偏差。

2) 公差带

在公差带图中，两个矩形方框分别代表孔、轴的公差带。方框的上线代表上偏差（最大极限尺寸），下线代表下偏差（最小极限尺寸），宽度则为公差值，公差带沿零线方向的长度可适当选取。

公差带图中的尺寸单位可取 mm，也可取 μm，单位省略不写。

例 2-2　已知孔尺寸为 $\phi 40^{+0.025}_{0}$，轴尺寸为 $\phi 40^{-0.010}_{-0.026}$，求孔、轴的极限偏差与公差，并画出公差带图。

解　公差带图如图 2-5 所示。

孔、轴的极限尺寸为

$$D_{max} = D + ES = (40 + 0.025) \text{ mm} = 40.025 \text{ mm}$$
$$D_{min} = D + EI = (40 + 0) \text{ mm} = 40 \text{ mm}$$

$$d_{max} = d + es = (40 - 0.010)\ mm = 39.990\ mm$$

$$d_{min} = d + ei = (40 - 0.026)\ mm = 39.974\ mm$$

孔、轴的公差为

$$T_D = ES - EI = (0.025 - 0)\ mm = 0.025\ mm$$

$$T_d = es - ei = [-0.010 - (-0.026)]\ mm = 0.016\ mm$$

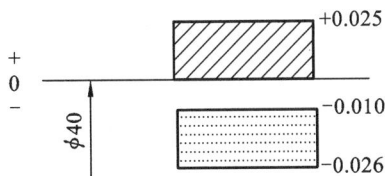

图 2-5　图解公差带

2.1.4　有关配合的术语及定义

1. 配合

配合是指基本尺寸相同的、相互结合的孔与轴公差带之间的关系。注意定义中"基本尺寸相同"的含义,基本尺寸不相同的孔和轴之间没有配合关系存在。

在孔与轴的配合中,孔的尺寸减去轴的尺寸,所得的代数差为正值时称为间隙配合,为负值时称为过盈配合。通俗地说,孔大轴小形成间隙配合,轴小孔大形成过盈配合。

2. 配合公差

配合公差是指允许间隙或过盈的变动量。它是设计人员根据机器配合部位的使用性能要求确定,反映配合的松紧程度,是评定配合质量的一个重要综合指标,用 T_f 表示。

T_f 与公差一样为无正负号的绝对值,且不能为 0,用公式表示如下。

间隙配合:

$$T_f = |X_{max} - X_{min}|$$

过盈配合:

$$T_f = |Y_{max} - Y_{min}|$$

过渡配合:

$$T_f = |X_{max} - Y_{max}|$$

分别将孔、轴极限尺寸或极限偏差代入上式换算后,可得配合公差的共同公式:

$$T_f = T_D + T_d$$

由此式可知,配合精度(即配合公差)取决于相互配合的孔和轴的尺寸精度(即尺寸公差)。

3. 配合的种类

1) 间隙配合

间隙配合是指具有间隙(含最小间隙为零)的配合,如图 2-6 所示。此种配合的特点:孔公差带位于轴公差带之上,通常是指孔大轴小的配合。

图 2-6 中,X_{max} 表示最大间隙,X_{min} 表示最小间隙。显然:

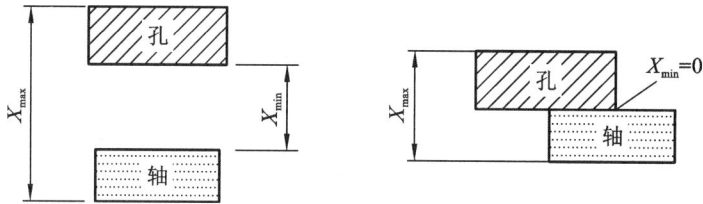

图 2-6　间隙配合

$$X_{max} = D_{max} - d_{min} = ES - ei$$
$$X_{min} = D_{min} - d_{max} = EI - es$$
$$T_f = X_{max} - X_{min} = T_D + T_d$$

2）过盈配合

过盈配合是指具有过盈（含最小过盈为零）的配合，如图 2-7 所示，此时孔的公差带位于轴公差带之下，通常是指孔小轴大的配合。

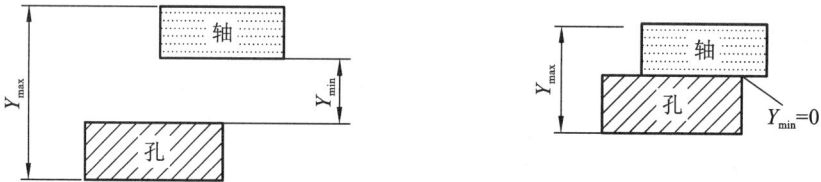

图 2-7　过盈配合

图 2-7 中，Y_{max} 表示最大过盈，Y_{min} 表示最小过盈。显然：

$$Y_{max} = D_{min} - d_{max} = EI - es$$
$$Y_{min} = D_{max} - d_{min} = ES - ei$$
$$T_f = |Y_{max} - Y_{min}| = T_D + T_d$$

3）过渡配合

过渡配合是指可能产生间隙或过盈的配合。此时孔、轴公差带相互交叠，是介于间隙配合与过盈配合之间的配合，但其间隙或过盈的数值都较小，如图 2-8 所示。一般来讲，过渡配合的工件精度都较高。

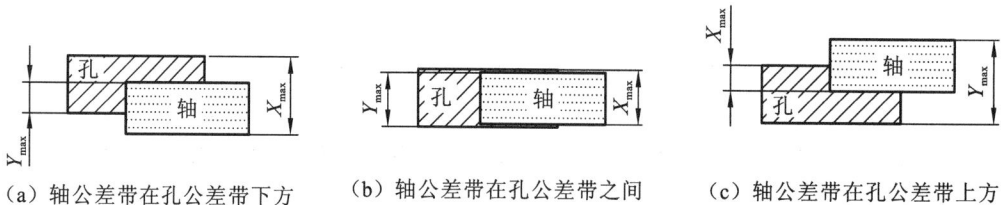

（a）轴公差带在孔公差带下方　　（b）轴公差带在孔公差带之间　　（c）轴公差带在孔公差带上方

图 2-8　过渡配合

过渡配合的极限情况是最大间隙 X_{max}（孔最大、轴最小时）及最大过盈 Y_{max}（孔最小、轴最大时）。

4. 基准制

孔和轴的配合是否满足使用要求,主要看是否能保证极限间隙和极限过盈。而满足同一极限间隙或极限过盈的孔和轴公差带大小和位置是无限多的,如图 2-9 所示的三种配合,最大间隙 $X_{\max}=140$,最小间隙 $X_{\min}=50$。显然,还可以有无数的满足同样最大及最小间隙的组合。

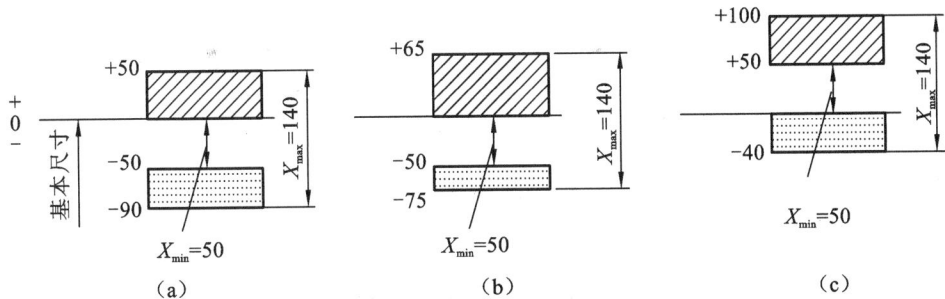

图 2-9　三种极限间隙相同,满足同样使用要求的配合

可见,如果不对满足同一使用要求的孔、轴公差带的大小和位置作出统一规定,无数可能的组合会使生产过程变得混乱。基准制就是用来解决这一问题的。

基准制也称配合制,是通过固定相互配合的孔或轴中一种零件的公差带位置,改变另一零件的公差带位置,从而形成各种不同的配合。国家标准规定了两种基准制:基孔制、基轴制。

1)基孔制——代号 H

基孔制是指基本偏差为一定的孔的公差带,与不同基本偏差的轴的公差带形成各种配合的一种制度。基孔制配合的孔为基准孔,它是配合中的基准件,其代号为 H,轴为非基准件。

标准规定基准孔的基本偏差(下偏差)为零,如图 2-10 所示。

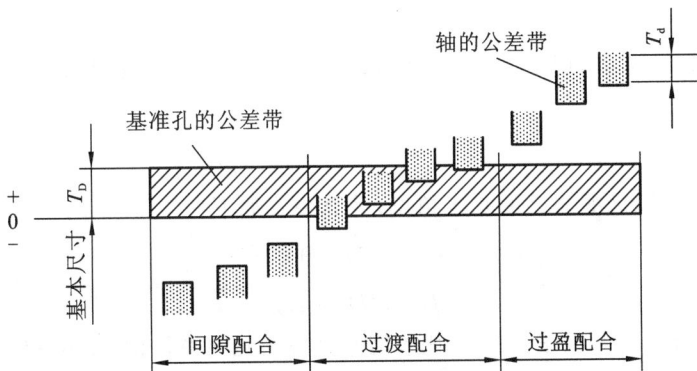

图 2-10　基孔制配合

2)基轴制——代号 h

基轴制是指基本偏差为一定的轴的公差带,与不同基本偏差的孔的公差带形成各种配合的一种制度。基轴制配合的轴为基准轴,它是配合中的基准件,其代号为 h,孔为非基准件。

标准规定基准轴的基本偏差(上偏差)为零,如图 2-11 所示。

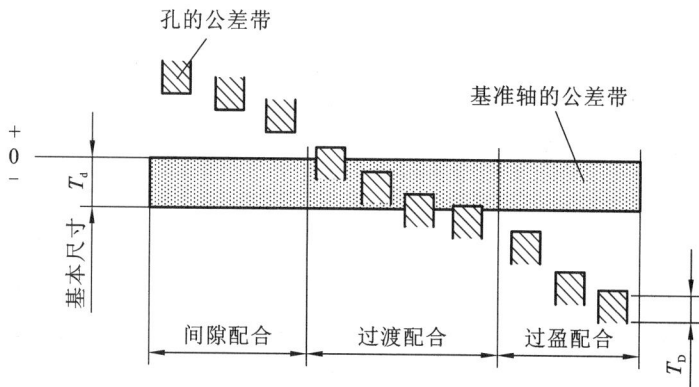

图 2-11 基轴制配合

知识点 2.2 公差与配合标准

2.2.1 标准公差系列

为实现互换性生产和满足一般的使用要求,在机械制造业中常用的尺寸大多小于 500 mm(最常用的是光滑圆柱体的直径),该尺寸段在一般工业中应用得最为广泛。本节讨论的对象为小于或等于 500 mm 的尺寸段。

1. 公差等级

公差等级是确定尺寸精确程度的等级。同一公差等级对所有基本尺寸的一组公差被认为具有同等精确程度。规定和划分公差等级的目的是简化和统一公差的要求,使规定的等级既能满足不同的使用要求,又能大致代表各种加工方法的精度,为零件的设计和制造带来了极大的方便。

公差等级分为 20 级,用 IT01,IT0,IT1,IT2,IT3,…,IT18 来表示。常用的公差等级为 IT5~IT13。

2. 公差单位

公差单位是计算标准公差的基本单位,计算公式如下:

$$i = 0.45\sqrt[3]{D} + 0.001D$$

$$D = \sqrt{D_1 \times D_2}$$

式中:i 为公差单位(公差因子);D 为基本尺寸分段的几何平均值(mm);D_1、D_2 为尺寸分段中首、尾尺寸(mm)。

公差单位计算公式由两项组成:第一项为 $0.45\sqrt[3]{D}$,该项反映加工误差的影响;第二项为 $0.001D$,该项反映测量误差的影响,尤其是温度变化引起的测量误差。

3. 尺寸分段

根据标准公差的计算公式,每一个基本尺寸都对应一个公差值。但在实际生产中基本尺寸有很多,这样就会形成一个庞大的公差数值表,给企业的生产带来不便,同时不利于公差值的标准化、系列化。为了减少标准公差的数目,统一公差值,以利于生产实际的应用,国家标准对基本尺寸进行了分段,详见表 2-1。

表 2-1　基本尺寸的分段　　　　　　　　　　　　　　　　　　　　单位:mm

主段落		中间段落		主段落		中间段落		主段落		中间段落	
大于	至	大于	至	大于	至	大于	至	大于	至	大于	至
—	3	—	—	30	50	30	40	180	250	180	200
3	6	—	—			40	50			225	250
6	10	—	—	50	80	50	65	250	315	250	280
						65	80			280	315
10	18	10	14	80	120	80	100	315	400	315	355
		14	18			100	120			355	400
18	30	18	24	120	180	120	140	400	500	400	450
		24	30			140	160			450	500

在表 2-1 中,一般使用的是主段落,对于间隙或过盈比较敏感的配合,可以使用分段比较密的中间段落。

在实际工作中,标准公差数值是用查表法确定的。标准公差数值见表 2-2,表中各值就是用上述方法经圆整获得的。

表 2-2　标准公差数值(GB/T 1800.1—2020)　　　　　　　　　　单位:μm

基本尺寸/mm	公差等级																		
	IT01	IT0	IT1	IT2	IT3	IT4	IT5	IT6	IT7	IT8	IT9	IT10	IT11	IT12	IT13	IT14	IT15	IT16	IT17	IT18
≤3	0.3	0.5	0.8	1.2	2	3	4	6	10	14	25	40	60	100	140	250	400	600	1000	1400
3~6	0.4	0.6	1	1.5	2.5	4	5	8	12	18	30	48	75	120	180	300	480	750	1200	1800
6~10	0.4	0.6	1	1.5	2.5	4	6	9	15	22	36	58	90	150	220	360	580	900	1500	2200
10~18	0.5	0.8	1.2	2	3	5	8	11	18	27	43	70	110	180	270	430	700	1100	1800	2700
18~30	0.6	1	1.5	2.5	4	6	9	13	21	33	52	84	130	210	330	520	840	1300	2100	3300
30~50	0.6	1	1.5	2.5	4	7	11	16	25	39	62	100	160	250	390	620	1000	1600	2500	3900
50~80	0.8	1.2	2	3	5	8	13	19	30	46	74	120	190	300	460	740	1200	1900	3000	4600
80~120	1	1.5	2.5	4	6	10	15	22	35	54	87	140	220	350	540	870	1400	2200	3500	5400
120~180	1.2	2	3.5	5	8	12	18	25	40	63	100	160	250	400	630	1000	1600	2500	4000	6300
180~250	2	3	4.5	7	10	14	20	29	46	72	115	185	290	460	720	1150	1850	2900	4600	7200

续表

基本尺寸/mm	公差等级																			
	IT01	IT0	IT1	IT2	IT3	IT4	IT5	IT6	IT7	IT8	IT9	IT10	IT11	IT12	IT13	IT14	IT15	IT16	IT17	IT18
250～315	2.5	4	6	8	12	16	23	32	52	81	130	210	320	520	810	1300	2100	3200	5200	8100
315～400	3	5	7	9	13	18	25	36	57	89	140	230	360	570	890	1400	2300	3600	5700	8900
400～500	4	6	8	10	15	20	27	40	63	97	155	250	400	630	970	1550	2500	4000	6300	9700
500～630	4.5	6	9	11	16	22	30	44	70	110	175	280	440	700	1100	1750	2800	4400	7000	11000
630～800	5	7	10	13	18	25	35	50	80	125	200	320	500	800	1250	2000	3200	5000	8000	12500

注:基本尺寸小于或等于 1 mm 时,无 IT14 至 IT18。基本尺寸大于 500 mm 的 IT1 至 IT5 标准公差数值为试行的。

2.2.2 基本偏差系列

1. 基本偏差

基本偏差一般是指公差带图中离零线较近的那个偏差,它是确定公差带相对于零线位置的唯一标准化指标。

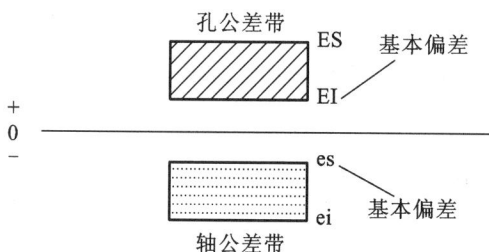

图 2-12 基本偏差

当公差带位于零线以上时,其基本偏差为下偏差;当公差带位于零线以下时,其基本偏差为上偏差。如图 2-12 所示。

2. 基本偏差代号

根据实际需要,国家标准对孔和轴各规定了 28 个基本偏差,反映了 28 种公差带相对于零线的位置。分别用大写和小写的一个或两个拉丁字母表示,大写字母表示孔,小写字母表示轴,如图 2-13 所示。图中公差带只画出基本偏差的一端,另一端将由公差值来决定。

3. 基本偏差系列图

分析图 2-13,可归纳以下特点:

(1) H 的基本偏差为下偏差,且 EI＝0,公差带位于零线之上;h 的基本偏差为上偏差,且 es＝0,公差带位于零线之下。H 为基孔制代号,代表基准孔;h 为基轴制代号,代表基准轴。

(2) J(j)的公差带与零线近似对称;JS(js)的公差带与零线完全对称,基本偏差可以是上偏差或下偏差,其值为±IT/2。

(3) 对于孔,A～H 的基本偏差为下偏差 EI,其绝对值依次减小;J～ZC 的基本偏差为上偏差 ES(J、JS 除外),其绝对值依次增大。

(4) 对于轴,a～h 的基本偏差为上偏差 es,其绝对值依次减小;j～zc 的基本偏差为下偏差 ei(j、js 除外),其绝对值依次增大。

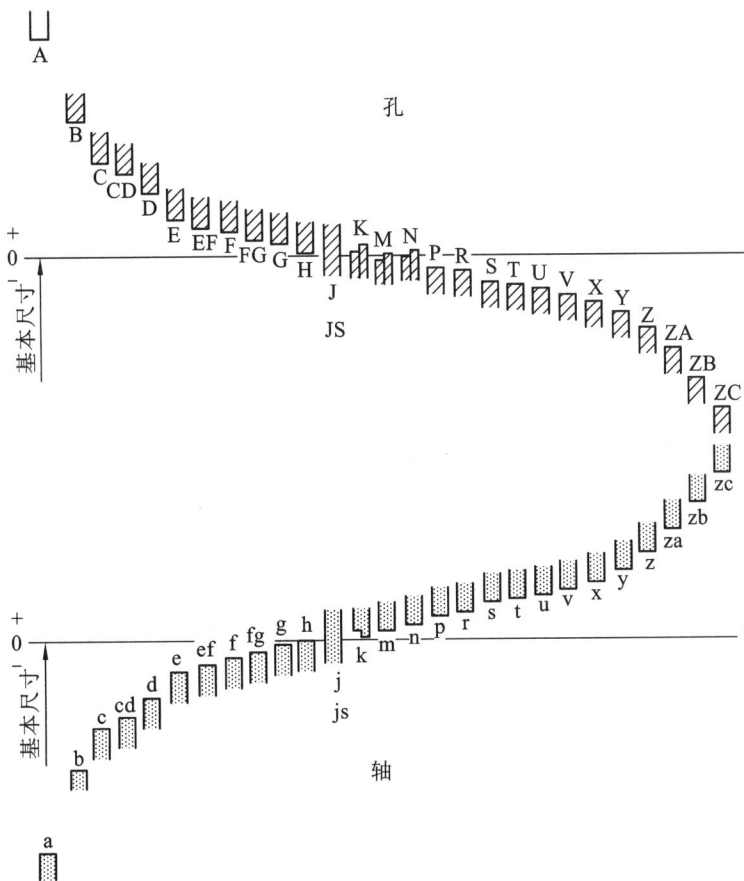

图 2-13　孔、轴的基本偏差系列图

（5）公差带一端是封闭的，而另一端是开口的，其开口长度的大小取决于公差等级的高低（即公差值的大小），因此，任何公差带都由基本偏差代号＋公差等级表示，如 H7、G6、h9、f8 等。这正体现了公差带包含标准公差和基本偏差两个因素。

4. 轴的基本偏差的确定

轴的基本偏差数值是基于基孔制配合，根据各种配合性质，经理论计算、实验、统计分析获得，见表 2-3。

轴的基本偏差查表确定后，轴的另一个极限偏差可根据公差由下式算出：

$$es＝T_d＋ei \quad 或 \quad ei＝es－T_d$$

例 2-3　计算 $\phi50f7$ 的极限偏差。

解　查表 2-3 可知：轴的基本偏差为上偏差 $es＝－25\ \mu m$。

查表 2-2 可知：轴的标准公差 IT7＝25 μm。

则 $ei＝es－T_d＝(－25－25)\ \mu m＝－50\ \mu m$。

5. 孔的基本偏差的确定

孔的基本偏差由轴的基本偏差换算得到，见表 2-4。

表 2-3　基本尺寸≤500 mm 轴的基本偏差数值（GB/T 1800.1—2020）

单位：μm

基本尺寸/mm		上偏差 es（所有公差等级）											js	下偏差 ei				
大于	至	a	b	c	cd	d	e	ef	f	fg	g	h		j（IT5和IT6）	j（IT7）	j（IT8）	k（IT4至IT7）	k（≤IT3,>IT7）
—	3	−270	−140	−60	−34	−20	−14	−10	−6	−4	−2	0	偏差等于±IT/2	−2	−4	−6	0	0
3	6	−270	−140	−70	−46	−30	−20	−14	−10	−6	−4	0		−2	−4	—	+1	0
6	10	−280	−150	−80	−56	−40	−25	−18	−13	−8	−5	0		−2	−5	—	+1	0
10	14	−290	−150	−95	—	−50	−32	—	−16	—	−6	0		−3	−6	—	+1	0
14	18	−290	−150	−95	—	−50	−32	—	−16	—	−6	0		−3	−6	—	+1	0
18	24	−300	−160	−110	—	−65	−40	—	−20	—	−7	0		−4	−8	—	+2	0
24	30	−300	−160	−110	—	−65	−40	—	−20	—	−7	0		−4	−8	—	+2	0
30	40	−310	−170	−120		−80	−50		−25		−9	0		−5	−10	—	+2	0
40	50	−320	−180	−130		−80	−50		−25		−9	0		−5	−10	—	+2	0
50	65	−340	−190	−140		−100	−60		−30		−10	0		−7	−12	—	+2	0
65	80	−360	−200	−150		−100	−60		−30		−10	0		−7	−12	—	+2	0
80	100	−380	−220	−170		−120	−72		−36		−12	0		−9	−15	—	+3	0
100	120	−410	−240	−180		−120	−72		−36		−12	0		−9	−15	—	+3	0

续表

| 基本尺寸/mm | | 公差等级 | | | | | | | | | | | | | | | | |
大于	至	a	b	c	cd	d	e	ef	f	fg	g	h	js	j IT5和IT6	j IT7	j IT8	k IT4至IT7	k ≤IT3、>IT7
		上偏差 es												下偏差 ei				
		所有公差等级																
120	140	−460	−260	−200	—	−145	−85	—	−43	—	−14	0	偏差等于 ±IT/2	−11	−18	—	+3	0
140	160	−520	−280	−210	—													
160	180	−580	−310	−230	—													
180	200	−660	−340	−240	—	−170	−100	—	−50	—	−15	0		−13	−21	—	+4	0
200	225	−740	−380	−260	—													
225	250	−820	−420	−280	—													
250	280	−920	−480	−300	—	−190	−110	—	−56	—	−17	0		−16	−26	—	+4	0
280	315	−1050	−540	−330	—													
315	355	−1200	−600	−360	—	−210	−125	—	−62	—	−18	0		−18	−28	—	+4	0
355	400	−1350	−680	−400	—													
400	450	−1500	−760	−440	—	−230	−135	—	−68	—	−20	0		−20	−32	—	+5	0
450	500	−1650	−840	−480	—													

续表

基本尺寸/mm		下偏差 ei													
		所有公差等级													
大于	至	m	n	p	r	s	t	u	v	x	y	z	za	zb	zc
—	3	+2	+4	+6	+10	+14	—	+18		+20		+26	+32	+40	+60
3	6	+4	+8	+12	+15	+19	—	+23		+28		+35	+42	+50	+80
6	10	+6	+10	+15	+19	+23	—	+28		+34		+42	+52	+67	+97
10	14	+7	+12	+18	+23	+28	—	+33		+40		+50	+64	+90	+130
14	18	+7	+12	+18	+23	+28	—	+33	+39	+45		+60	+77	+108	+150
18	24	+8	+15	+22	+28	+35	—	+41	+47	+54	+63	+73	+98	+136	+188
24	30	+8	+15	+22	+28	+35	+41	+48	+55	+64	+75	+88	+118	+160	+218
30	40	+9	+17	+26	+34	+43	+48	+60	+68	+80	+94	+112	+148	+200	+274
40	50	+9	+17	+26	+34	+43	+54	+70	+81	+97	+114	+136	+180	+242	+325
50	65	+11	+20	+32	+41	+53	+66	+87	+102	+122	+144	+172	+226	+300	+405
65	80	+11	+20	+32	+43	+59	+75	+102	+120	+146	+174	+210	+274	+360	+480
80	100	+13	+23	+37	+51	+71	+91	+124	+146	+178	+214	+258	+335	+445	+585
100	120	+13	+23	+37	+54	+79	+104	+144	+172	+210	+254	+310	+400	+525	+690

续表

基本尺寸/mm		下偏差 ei													
		所有公差等级													
大于	至	m	n	p	r	s	t	u	v	x	y	z	za	zb	zc
120	140	+15	+27	+43	+63	+92	+122	+170	+202	+248	+300	+365	+470	+620	+800
140	160				+65	+100	+134	+190	+228	+280	+340	+415	+535	+700	+900
160	180				+68	+108	+146	+210	+252	+310	+380	+465	+600	+780	+1000
180	200	+17	+31	+50	+77	+122	+166	+236	+284	+350	+425	+520	+670	+880	+1150
200	225				+80	+130	+180	+258	+310	+385	+470	+575	+740	+960	+1250
225	250				+84	+140	+196	+284	+340	+425	+520	+640	+820	+1050	+1350
250	280	+20	+34	+56	+94	+158	+218	+315	+385	+475	+580	+710	+920	+1200	+1550
280	315				+98	+170	+240	+350	+425	+525	+650	+790	+1000	+1300	+1700
315	355	+21	+37	+62	+108	+190	+268	+390	+475	+590	+730	+900	+1150	+1500	+1900
355	400				+114	+208	+294	+435	+530	+660	+820	+1000	+1300	+1650	+2100
400	450	+23	+40	+68	+126	+232	+330	+490	+595	+740	+920	+1100	+1450	+1850	+2400
450	500				+132	+252	+360	+540	+660	+820	+1000	+1250	+1600	+2100	+2600

注：1.基本尺寸小于或等于 1 mm 时，各级的 a 和 b 均不采用。

2.js 的数值：对 IT7～IT11 的数值（μm）为奇数，则取 $js=\pm\dfrac{IT-1}{2}$。

表2-4 基本尺寸≤500 mm 孔的基本偏差数值（GB/T 1800.1—2020）

单位：μm

基本尺寸/mm		下偏差 EI											JS	上偏差 ES								
		所有公差等级												J			K		M		N	
大于	至	A	B	C	CD	D	E	EF	F	FG	G	H		IT6	IT7	IT8	≤IT8	>IT8	≤IT8	>IT8	≤IT8	>IT8
—	3	+270	+140	+60	+34	+20	+14	+10	+6	+4	+2	0	偏差等于$\pm\frac{IT}{2}$	+2	+4	+6	0	0	-2	-2	-4	-4
3	6	+270	+140	+70	+46	+30	+20	+14	+10	+6	+4	0		+5	+6	+10	-1+Δ	—	-4+Δ	-4	-8+Δ	0
6	10	+280	+150	+80	+56	+40	+25	+18	+13	+8	+5	0		+5	+8	+12	-1+Δ	—	-6+Δ	-6	-10+Δ	0
10	14	+290	+150	+95	—	+50	+32	—	+16	—	+6	0		+6	+10	+15	-1+Δ	—	-7+Δ	-7	-12+Δ	0
14	18	+290	+150	+95	—	+50	+32	—	+16	—	+6	0		+6	+10	+15	-1+Δ	—	-7+Δ	-7	-12+Δ	0
18	24	+300	+160	+110	—	+65	+40	—	+20	—	+7	0		+8	+12	+20	-2+Δ	—	-8+Δ	-8	-15+Δ	0
24	30	+300	+160	+110	—	+65	+40	—	+20	—	+7	0		+8	+12	+20	-2+Δ	—	-8+Δ	-8	-15+Δ	0
30	40	+310	+170	+120	—	+80	+50	—	+25	—	+9	0		+10	+14	+24	-2+Δ	—	-9+Δ	-9	-17+Δ	0
40	50	+320	+180	+130	—	+80	+50	—	+25	—	+9	0		+10	+14	+24	-2+Δ	—	-9+Δ	-9	-17+Δ	0
50	65	+340	+190	+140	—	+100	+60	—	+30	—	+10	0		+13	+18	+28	-2+Δ	—	-11+Δ	-11	-20+Δ	0
65	80	+360	+200	+150	—	+100	+60	—	+30	—	+10	0		+13	+18	+28	-2+Δ	—	-11+Δ	-11	-20+Δ	0

续表

基本尺寸/mm		下偏差 EI											JS	上偏差 ES								
		A	B	C	CD	D	E	EF	F	FG	G	H		J			K		M		N	
大于	至	所有公差等级												IT6	IT7	IT8	≤IT8	>IT8	≤IT8	>IT8	≤IT8	>IT8
80	100	+380	+220	+170	—	+120	+72	—	+36	—	+12	0	偏差等于 $\pm\frac{IT}{2}$	+16	+22	+34	−3 +Δ	—	−13 +Δ	−13	−23 +Δ	0
100	120	+410	+240	+180	—			—		—												
120	140	+460	+260	+200	—	+145	+85	—	+43	—	+14	0		+18	+26	+41	−3 +Δ	—	−15 +Δ	−15	−27 +Δ	0
140	160	+520	+280	+210	—			—		—												
160	180	+580	+310	+230	—			—		—												
180	200	+660	+340	+240	—	+170	+100	—	+50	—	+15	0		+22	+30	+47	−4 +Δ	—	−17 +Δ	−17	−31 +Δ	0
200	225	+740	+380	+260	—			—		—												
225	250	+820	+420	+280	—			—		—												
250	280	+920	+480	+300	—	+190	+110	—	+56	—	+17	0		+25	+36	+55	−4 +Δ	—	−20 +Δ	−20	−34 +Δ	0
280	315	+1050	+540	+330	—			—		—												
315	355	+1200	+600	+360	—	+210	+125	—	+62	—	+18	0		+29	+39	+60	−4 +Δ	—	−21 +Δ	−21	−37 +Δ	0
355	400	+1350	+680	+400	—			—		—												
400	450	+1500	+760	+440	—	+230	+135	—	+68	—	+20	0		+33	+43	+66	−5 +Δ	—	−23 +Δ	−23	−40 +Δ	0
450	500	+1650	+840	+480	—			—		—												

续表

基本尺寸/mm 大于	至	上偏差 ES 公差等级 >IT7 P	R	S	T	U	V	X	Y	Z	ZA	ZB	ZC	Δ值/μm IT3	IT4	IT5	IT6	IT7	IT8
—	3	−6	−10	−14	—	−18	—	−20	—	−26	−32	−40	−60				0		
3	6	−12	−15	−19	—	−23	—	−28	—	−35	−42	−50	−80	1	1.5	1	3	4	6
6	10	−15	−19	−23	—	−28	—	−34	—	−42	−52	−67	−97	1	1.5	2	3	6	7
10	14	−18	−23	−28	—	−33	—	−40	—	−50	−64	−90	−130	1	2	3	3	7	9
14	18	−18	−23	−28	—	−33	−39	−45	—	−60	−77	−108	−150	1	2	3	3	7	9
18	24	−22	−28	−35	—	−41	−47	−54	−65	−73	−98	−136	−188	1.5	2	3	4	8	12
24	30	−22	−28	−35	−41	−48	−55	−64	−75	−88	−118	−160	−218	1.5	2	3	4	8	12
30	40	−26	−34	−43	−48	−60	−68	−80	−94	−112	−148	−200	−274	1.5	3	4	5	9	14
40	50	−26	−34	−43	−54	−70	−81	−97	−114	−136	−180	−242	−325	1.5	3	4	5	9	14
50	65	−32	−41	−53	−66	−87	−102	−122	−144	−172	−226	−300	−400	2	3	5	6	11	16
65	80	−32	−43	−59	−75	−102	−120	−146	−174	−210	−274	−360	−480	2	3	5	6	11	16
80	100	−37	−51	−71	−91	−124	−146	−178	−214	−258	−335	−445	−585	2	4	5	7	13	19
100	120	−37	−54	−79	−104	−144	−172	−210	−254	−310	−400	−525	−690	2	4	5	7	13	19
120	140	−43	−63	−92	−122	−170	−202	−248	−300	−365	−470	−620	−800	3	4	6	7	15	23
140	160	−43	−65	−100	−134	−190	−228	−280	−340	−415	−535	−700	−900	3	4	6	7	15	23
160	180	−43	−68	−108	−146	−210	−252	−310	−380	−465	−600	−780	−1000	3	4	6	7	15	23

P到ZC ≤IT7：在大于7级的相应数值上增加一个Δ值

续表

| 基本尺寸/mm | | 上偏差 ES 公差等级 | | | | | | | | | | | | | Δ 值/μm | | | | | |
大于	至	≤IT7 P到ZC	P	R	S	T	U	V	X	Y	Z	ZA	ZB	ZC	IT3	IT4	IT5	IT6	IT7	IT8
								>IT7												
180	200		−50	−77	−122	−166	−236	−284	−350	−425	−520	−670	−880	−1150	3	4	6	9	17	26
200	225	在大于 7 级的相应数值上增加一个 Δ值		−80	−130	−180	−258	−310	−385	−470	−575	−740	−960	−1250						
225	250			−84	−140	−196	−284	−340	−425	−520	−640	−820	−1050	−1350						
250	280		−56	−94	−158	−218	−315	−385	−475	−580	−710	−920	−1200	−1550	4	4	7	9	20	29
280	315			−98	−170	−240	−350	−425	−525	−650	−790	−1000	−1300	−1700						
315	355		−62	−108	−190	−268	−390	−475	−590	−730	−900	−1150	−1500	−1900	4	5	7	11	21	32
355	400			−114	−208	−294	−435	−530	−660	−820	−1000	−1300	−1650	−2100						
400	450		−68	−126	−232	−330	−490	−595	−740	−920	−1100	−1450	−1850	−2400	5	5	7	13	23	34
450	500			−132	−252	−360	−540	−660	−820	−1000	−1250	−1600	−2100	−2600						

注:1.基本尺寸小于 1 mm 时,各级的 A 和 B 及大于 IT8 级的 N 均不采用。

2.特殊情况,当基本尺寸为>250～315 mm 时,M6 的 ES 等于−9 μm(不等于−11 μm)。

3.标准公差≤IT8 级的 K,M,N 及标准公差≤IT7 级的 P 到 ZC,从表的右侧选取 Δ值。

例:>18～30 mm 的 P7,Δ=8 μm,因此 ES=(−22+8) μm=−14 μm。

4.JS 的数值,对 IT7～IT11 的数值(μm)为奇数,则取 $JS=\pm\dfrac{IT-1}{2}$。

一般,同一代号的孔和轴的基本偏差相对于零线完全对称,如图 2-13 所示,即同一字母的孔和轴的基本偏差绝对值相等而符号相反,即 EI＝－es,ES＝－ei。

上述规则适用于大部分孔的基本偏差,例外情况见表 2-4 的表注。查表时请注意这些例外情况。

例 2-4 用查表法确定配合代号为 $\phi30H7/g6$、$\phi30G7/h6$ 的孔和轴的极限偏差,画出它们的公差带图,并计算其极限间隙。

解 (1)确定孔和轴的标准公差。

查表 2-2,IT6＝0.013 mm,IT7＝0.021 mm。

(2)确定孔和轴的基本偏差。

查表 2-4,孔 H7 的基本偏差 EI＝0,孔 G7 的基本偏差 EI＝+0.007 mm。

查表 2-3,轴 g6 的基本偏差 es＝－0.007 mm,轴 h6 的基本偏差 es＝0。

(3)确定孔和轴的另一个极限偏差。

孔 H7 的另一个极限偏差:ES＝EI+IT7＝0.021 mm。

孔 G7 的另一个极限偏差:ES＝EI+IT7＝0.028 mm。

轴 g6 的另一个极限偏差:ei＝es－IT6＝－0.020 mm。

轴 h6 的另一个极限偏差:ei＝es－IT6＝－0.013 mm。

(4)公差带图如图 2-14 所示。

由于孔的公差带在轴的公差带的上方,所以该配合为间隙配合。

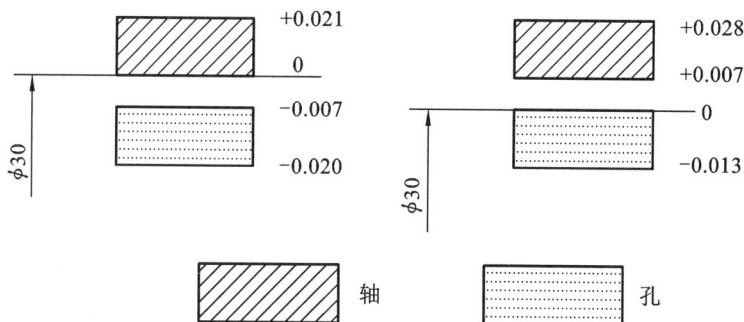

图 2-14 公差带图

(5)计算极限间隙。

$\phi30H7/g6$ 的极限间隙:

$$X_{max}＝ES－ei＝[0.021－(-0.020)] \text{ mm}＝0.041 \text{ mm}$$
$$X_{min}＝EI－es＝[0－(-0.007)] \text{ mm}＝0.007 \text{ mm}$$

$\phi30G7/h6$ 的极限间隙:

$$X_{max}＝ES－ei＝[0.028－(-0.013)] \text{ mm}＝0.041 \text{ mm}$$
$$X_{min}＝EI－es＝(0.007－0) \text{ mm}＝0.007 \text{ mm}$$

由计算可知,$\phi30H7/g6$ 与 $\phi30G7/h6$ 的极限间隙相同,故配合性质相同。

2.2.3 一般、常用、优先公差带与配合

国家标准提供的 20 个公差等级与 28 种基本偏差,组合成了 543 个孔公差带和 544 个

轴公差带。将这些孔、轴公差带组合又可形成约 30 万种配合。显然,实际生产和生活中不需要如此多配合,也不利于互换性生产,因此有必要对公差带与配合的种类及数量加以选择和限制。根据生产实际情况,国家标准规定了常用尺寸段孔与轴的一般、常用、优先公差带。

图 2-15 为一般、常用、优先孔的公差带。孔有 105 种一般公差带,方框中为 44 种常用公差带,带圈的为 13 种优先公差带。

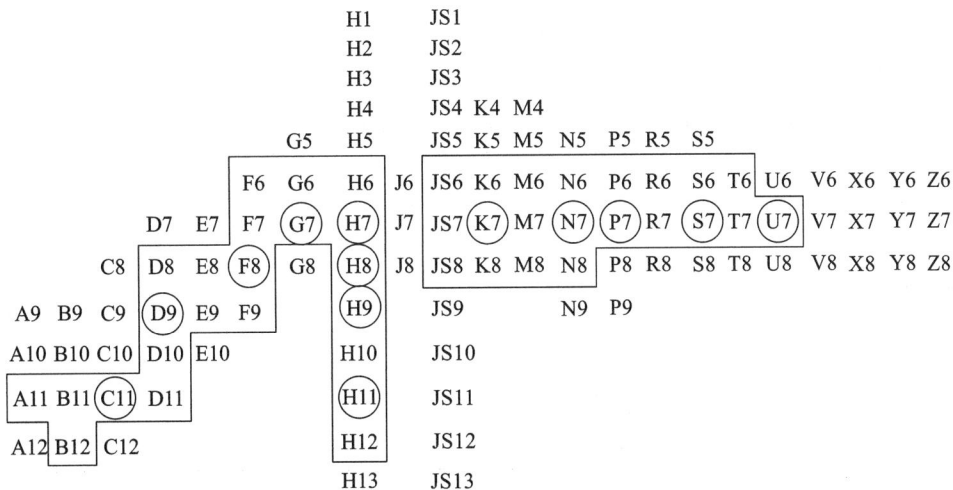

```
                              H1    JS1
                              H2    JS2
                              H3    JS3
                              H4    JS4  K4  M4
                        G5    H5    JS5  K5  M5  N5  P5  R5  S5
              F6    G6   H6   J6    JS6  K6  M6  N6  P6  R6  S6  T6  U6  V6  X6  Y6  Z6
        D7 E7  F7  (G7) (H7)  J7    JS7 (K7) M7 (N7) (P7) R7 (S7) T7 (U7) V7 X7  Y7  Z7
      C8 D8 E8 (F8) G8  (H8)  J8    JS8  K8  M8  N8  P8  R8  S8  T8  U8  V8  X8  Y8  Z8
  A9 B9 C9 (D9) E9 F9        (H9)   JS9               N9  P9
  A10 B10 C10 D10 E10        H10    JS10
  A11 B11(C11)D11            (H11)  JS11
  A12 B12 C12                H12    JS12
                             H13    JS13
```

图 2-15 一般、常用、优先孔的公差带

图 2-16 所示为一般、常用、优先轴的公差带。轴有 119 种一般公差带,方框内为 59 种常用公差带,带圈的为 13 种优先公差带。

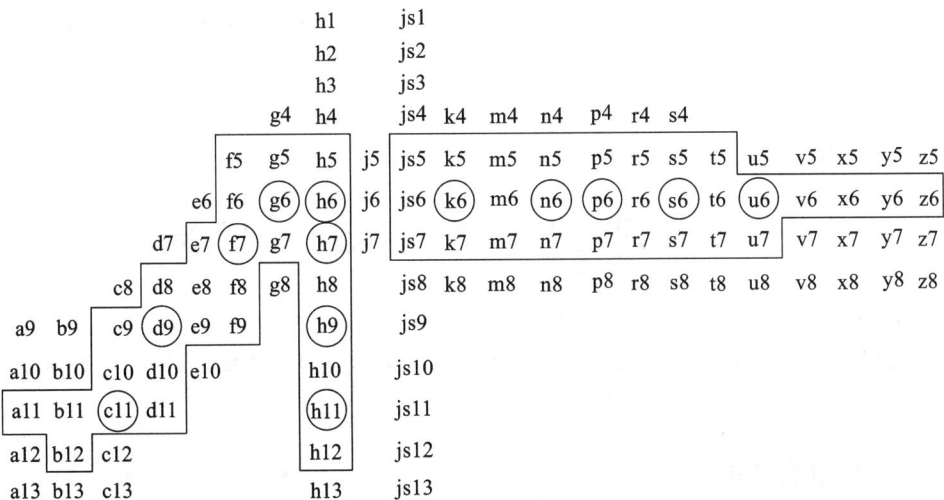

```
                              h1    js1
                              h2    js2
                              h3    js3
                        g4    h4    js4  k4  m4  n4  p4  r4  s4
              f5   g5   h5   j5    js5  k5  m5  n5  p5  r5  s5  t5  u5  v5  x5  y5  z5
        e6   f6  (g6) (h6)  j6    js6 (k6) m6 (n6) (p6) r6 (s6) t6 (u6) v6  x6  y6  z6
      d7 e7 (f7) g7  (h7)  j7    js7  k7  m7  n7  p7  r7  s7  t7  u7  v7  x7  y7  z7
    c8 d8 e8 f8 g8  h8         js8  k8  m8  n8  p8  r8  s8  t8  u8  v8  x8  y8  z8
  a9 b9 c9 (d9) e9 f9        (h9)   js9
  a10 b10 c10 d10 e10        h10    js10
  a11 b11(c11)d11            (h11)  js11
  a12 b12 c12                h12    js12
  a13 b13 c13                h13    js13
```

图 2-16 一般、常用、优先轴的公差带

选用公差带及配合时,应按优先、常用、一般公差带的顺序选取。

特殊情况下,一般公差带中没有满足要求的公差带时,国家标准允许采用两种基准制以外的非标准制配合,例 M8/g7、F8/n7 等,它们既非基孔制配合,也非基轴制配合。

2.2.4　一般公差

一般公差即未注公差,指图样上只标注基本尺寸,而不标其公差带或极限偏差的尺寸。虽然只标注了基本尺寸,没有标注极限偏差,但是并不意味着没有公差要求,其极限偏差应按"未注公差"标准规定选取。

《一般公差　未注公差的线性和角度尺寸的公差》(GB/T 1804—2000)规定了线性尺寸的一般公差等级和极限偏差。一般公差等级分为四级——f、m、c、v,极限偏差全部采用对称偏差值,相应的极限偏差见表 2-5。

表 2-5　线性尺寸未注极限偏差的数值(摘自 GB/T 1804—2000)　　　　单位:mm

公差等级	尺寸分段							
	0.5～3	>3～6	>6～30	>30～120	>120～400	>400～1000	>1000～2000	>2000～4000
f(精密级)	±0.05	±0.05	±0.1	±0.15	±0.2	±0.3	±0.5	
m(中等级)	±0.1	±0.1	±0.2	±0.3	±0.5	±0.8	±1.2	±2
c(粗糙级)	±0.2	±0.3	±0.5	±0.8	±1.2	±2	±3	±4
v(最粗级)		±0.5	±1	±1.5	±2.5	±4	±6	±8

对于一般公差,在车间普通工艺条件下,机床设备一般加工能力可以保证其加工要求,代表经济加工精度,主要用于低精度的非配合尺寸。采用一般公差的尺寸,在正常生产条件下,一般可不检验,由工艺装备及工人自行控制即可。选择时,应考虑车间的一般加工精度来选取公差等级。

一般公差由于在尺寸后无须标注公差带或极限偏差,可以简化视图,使图面清晰,更加突出了重要的或有配合要求的尺寸。

一般公差在图样上、技术文件的标注中,用标准号和公差等级符号表示。例如:选用中等级时,表示为 GB/T 1804—m;选用最粗级时,表示为 GB/T 1804—v。

▶▶▶ 知识点 2.3　极限与配合的选择

极限与配合的选择是机械制造中至关重要的一环。极限与配合的选用是否恰当,对于机械的使用性能和制造成本都有很大影响,有时甚至起决定性的作用。其选择的内容主要包括基准制、公差等级、配合性质三项。

2.3.1　基准制的选择

基准制是决定配合关系的基础,国家标准规定了两种基准制:基孔制、基轴制。选择基准制时,要以经济性为出发点综合考虑零件的结构、工艺及其他方面的要求。

1. 基孔制配合——优先选用

生产实践中优先选用基孔制配合,原因在于基孔制配合的零件、部件生产成本低,经济效益好。

（1）加工工艺方面：孔的加工通常需要采用价格较贵的扩孔钻、铰刀、拉刀等定值刀具，而且一种刀具只能加工一种尺寸的孔。轴的加工则不同，一把车刀或砂轮可加工各种不同尺寸的轴。

（2）技术测量方面：孔的测量一般要使用内径百分表，测量时需要一定水平的测试技术，其调整和读数不易掌握。轴的测量则不同，可以采用通用量具（卡尺或千分尺），测量方便且读数也容易。

2. 基轴制配合——特殊场合选用

在有些情况下，出于结构及原材料等原因，采用基轴制配合更为合理。下述情况一般选用基轴制配合：

（1）直接采用冷拉棒料做轴。

这种原材料具有一定的尺寸、形位、表面粗糙度，选用基轴制，则无须对其表面再进行切削加工。

（2）一根轴同时与几个孔配合且配合性质不同。

图 2-17(a)所示为发动机中的活塞连杆机构。根据使用要求，活塞销轴与活塞孔采用过渡配合，而连杆衬套与活塞销轴则采用间隙配合。若采用基孔制配合，如图 2-17(b)所示，则 3 处孔的公差带相同，为保证配合要求，活塞销轴须加工成台阶形状，这样不仅增加了轴的加工成本，而且安装困难。若采用基轴制配合，如图 2-17(c)所示，活塞销轴可制成光轴，不仅加工方便，也解决了装配上的困难。

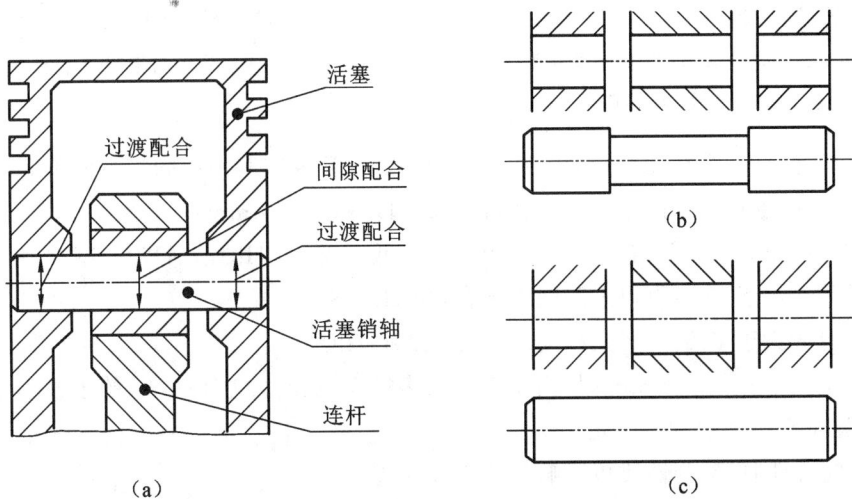

图 2-17　基轴制配合选择示例

3. 与标准件配合

零件与标准件配合时，应根据标准件来确定基准制配合。例如：与滚动轴承内圈配合的轴应该选用基孔制，而与滚动轴承外圈配合的孔则选用基轴制。

4. 混合制配合——特殊情况使用

为了满足某些配合的特殊需要,国家标准允许采用任一孔、轴公差带组成配合,如图 2-18 中的 $\phi100$J7/e9、$\phi55$D9/k6。

2.3.2 公差等级的选择

选择公差等级的原则:在满足使用要求的前提下,尽可能选用较低的公差等级,以降低零件的加工成本,同时提高生产效率。公差与相对成本的关系见图 2-19。

选择公差等级通常采用的方法为类比法,类比法就是参考生产实践中总结出来的经验资料,对比这些资料进行选择。应用此方法时应考虑以下几点:

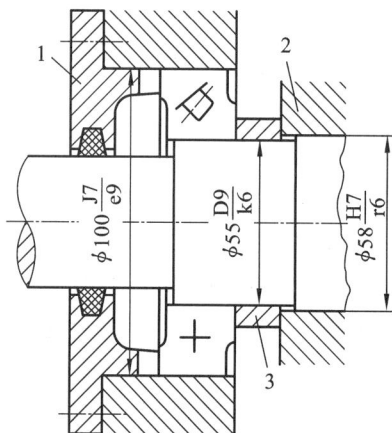

图 2-18 端盖与箱体孔、轴套与轴的配合
1—端盖;2—齿轮;3—轴套

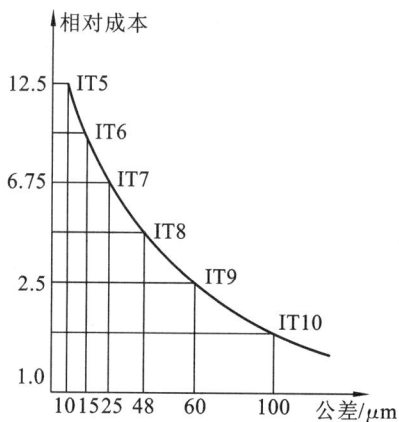

图 2-19 公差与相对成本的关系

(1) 工艺等价:指相互配合的孔和轴的加工难易程度应基本相同。当公差等级不大于 IT8 时,孔比同级轴加工困难,因此,在常用尺寸段内(≤500 mm):

公差等级不大于 IT8:孔的公差等级应比轴低一级,如 H8/g7、H7/m6。

公差等级等于 IT8:也可采用同级配合,如 H8/e8。

公差等级大于 IT8:一般选择同级配合,如 H9/f9。

当基本尺寸不大于 3 mm 时,由于工艺的多样性,孔的公差可大于、等于或小于轴的公差,三种配合在生产中均占一定比例。

(2) 配合性质:配合性质也影响公差等级的选择。

过渡、过盈配合:公差等级不宜过大,一般孔不大于 IT8,轴不大于 IT7。

间隙配合:小间隙,公差等级应较高;大间隙,公差等级应较低。

(3) 加工方法:常用加工方法所能达到的公差等级见表 2-6,选择时可参考。

(4) 公差等级的应用对象,参见表 2-7。常用公差等级的应用实例见表 2-8。

(5) 在非基准制的混合配合中,有的零件精度要求不高,相互配合零件的公差等级可以相差 2~3 级甚至更多,如 $\phi100$J7/e9、$\phi60$K7/d11。

表 2-6　常用加工方法所能达到的公差等级

加工方法	公差等级(IT)																			
	01	0	1	2	3	4	5	6	7	8	9	10	11	12	13	14	15	16	17	18
研磨	━	━	━	━	━	━	━													
珩磨		━	━	━	━	━	━													
圆磨、平磨							━	━	━	━										
金刚石车							━	━	━											
金刚石镗							━	━	━											
拉削							━	━	━	━										
绞孔								━	━	━	━									
车、镗									━	━	━	━	━							
铣										━	━	━	━							
刨、插												━	━							
钻孔												━	━	━						
液压、挤压												━	━							
冲压												━	━	━	━	━				
压铸													━	━	━	━				
粉末冶金成形								━	━	━										
粉末冶金烧结									━	━	━									
砂型铸造、气割																	━	━	━	━
锻造																	━	━		

表 2-7　公差等级的应用对象

应用	公差等级(IT)																			
	01	0	1	2	3	4	5	6	7	8	9	10	11	12	13	14	15	16	17	18
块规	━	━	━																	
量规			━	━	━	━	━	━	━											
配合尺寸							━	━	━	━	━	━	━	━						
特别精密零件				━	━	━	━													
非配合尺寸														━	━	━	━	━	━	━
原材料公差									━	━	━	━	━	━	━					

表 2-8　常用公差等级的应用实例

应用等级	应用
5 级	主要用在配合公差、形状公差要求甚小的地方,它的配合性质稳定,一般在机床、发动机、仪表等重要部位应用。如:与 D 级滚动轴承配合的箱体孔,与 E 级滚动轴承配合的机床主轴、机床尾架与套筒,精密机械及高速机械中轴,精密丝杠轴径等
6 级	配合性质能达到较高的均匀性。如:与 E 级滚动轴承相配合的孔、轴;与齿轮、蜗轮、联轴器、带轮、凸轮等连接的轴,机床丝杠轴径;摇臂钻立柱;机床夹具中导向件外径尺寸;6 级精度齿轮的基准孔,7、8 级精度齿轮的基准轴径
7 级	7 级精度比 6 级精度稍低,应用条件与 6 级精度基本相似,在一般机械制造中应用较为普遍。如:联轴器、带轮、凸轮等的孔径;机床夹盘座孔;夹具中固定钻套、可换钻套;7、8 级齿轮的基准孔,9、10 级齿轮的基准轴
8 级	在机械制造中属于中等精度。如:轴承座衬套沿宽度方向尺寸,9~12 级齿轮的基准孔;11、12 级齿轮的基准轴
9 级、10 级	主要用于机械制造中轴套外径与孔、操纵件与轴、空轴带轮与轴、单键与花键等
11 级、12 级	配合精度很低,装配后可能产生很大间隙,适用于基本上没有什么配合要求的场合。如:机床上法兰盘与止口;滑块与滑移齿轮;加工中工序间尺寸,冲压加工的配合件;机床制造中的扳手孔与扳手座的连接

2.3.3　配合性质的选择

配合性质的选择是在确定了基准制的基础上,根据给定的配合公差(间隙或过盈),确定与基准件配合的孔或轴的基本偏差代号,同时确定基准件与非基准件的公差等级。

1. 确定配合的类别

间隙配合:孔与轴有相对运动要求时选用。

过盈配合:孔与轴无相对运动,且要传递扭矩时选用。过盈不大时,用键连接传递扭矩;过盈大时,靠孔与轴的结合力传递扭矩。前者可拆卸,后者不可拆卸。

过渡配合:孔与轴无相对运动,但有定心要求并要求可拆卸时选用。过渡配合的特征是可能具有间隙,可能具有过盈,但间隙及过盈量都较小。

确定配合类别后,根据图 2-15、图 2-16,尽可能地选用优先配合,其次是常用配合,再次是一般配合,最后若仍不能满足要求,则可以选择其他配合。

2. 选择基本偏差

配合类别确定后,基本偏差的选择有三种方法。

(1)计算法:根据配合的性能要求,由理论公式计算出所需的极限间隙或极限过盈。由于影响间隙和过盈的因素有很多,理论计算也只是近似的,因此在实际应用中还需经过试验来确定,一般情况下较少使用计算法。

(2)试验法:用试验的方法来确定满足产品工作性能的间隙和过盈的范围。此方法主要用于特别重要的配合。试验法源于真实试验数据,比较可靠,但周期长、成本高,应用范围较小。

（3）类比法：参照同类型机器或结构中经过长期生产实践验证的配合，再结合所设计产品的使用要求和应用条件来确定配合，这是最为广泛采用的方法。

3. 用类比法选择配合种类

用类比法选择配合种类，要着重掌握各种配合的特征和应用场合，尤其是要熟悉国家标准所规定的常用配合与优先配合的特点。

表 2-9 所示为尺寸至 500 mm，基孔制、基轴制优先配合的特征、代号及应用场合。

表 2-10 为轴的基本偏差选用说明。

表 2-11 为不同工作情况对过盈或间隙的影响。

上述各表均可供选择时参考。

表 2-9 优先配合选用说明

配合类别	配合特征	配合代号	应用场合
间隙配合	特大间隙	$\dfrac{H11}{a11}$ $\dfrac{H11}{b11}$ $\dfrac{H12}{b12}$	用于高温或工作时要求大间隙的配合
	很大间隙	$\left(\dfrac{H11}{e11}\right)$ $\dfrac{H11}{d11}$	用于工作条件较差、受力变形或为了便于装配而需要大间隙的配合和高温工作的配合
	较大间隙	$\dfrac{H9}{c9}$ $\dfrac{H10}{c10}$ $\dfrac{H8}{d8}$ $\left(\dfrac{H9}{d9}\right)$ $\dfrac{H10}{d10}$ $\dfrac{H8}{e8}$ $\dfrac{H9}{e9}$	用于滑动轴承的配合，也可用于大跨距或多支点支承的高速重载的滑动轴承或大直径的配合
	一般间隙	$\dfrac{H6}{f5}$ $\dfrac{H7}{f6}$ $\left(\dfrac{H8}{f6}\right)$ $\dfrac{H8}{f8}$ $\dfrac{H9}{f9}$	用于一般转速的动配合，当温度影响不大时，广泛应用于普通润滑油润滑的支承处
	很小间隙	$\left(\dfrac{H7}{g6}\right)$ $\dfrac{H8}{g7}$	用于精密滑动零件或缓慢间歇回转的零件配合部位
	很小间隙和零间隙	$\dfrac{H6}{g5}$ $\dfrac{H6}{h5}$ $\left(\dfrac{H7}{h6}\right)$ $\left(\dfrac{H8}{h7}\right)$ $\dfrac{H8}{h8}$ $\left(\dfrac{H9}{h9}\right)$ $\dfrac{H10}{h10}$ $\left(\dfrac{H11}{h11}\right)$ $\dfrac{H12}{h12}$	用于不同精度要求的一般定位件的配合和缓慢移动与摆动零件的配合
过渡配合	绝大部分有微小间隙	$\dfrac{H6}{js5}$ $\dfrac{H7}{js6}$ $\dfrac{H8}{js7}$	用于易于装拆的定位配合或加紧固件后可传递一定静载荷的配合
	大部分有微小间隙	$\dfrac{H6}{k5}$ $\left(\dfrac{H7}{k6}\right)$ $\dfrac{H8}{k7}$	用于稍有振动的定位配合，加紧固件可传递一定载荷，装拆方便，可用木槌敲入
	大部分有微小过盈	$\dfrac{H6}{m5}$ $\dfrac{H7}{m6}$ $\dfrac{H8}{m7}$	用于定位精度较高且能抗振的定位配合。加键可传递较大载荷。可用铜锤敲入或小压力压入

续表

配合类别	配合特征	配合代号	应用场合
过渡配合	绝大部分有微小过盈	$\left(\dfrac{H7}{n6}\right)\dfrac{H8}{n7}$	用于精确定位或紧密组合零件的配合,加键能传递大力矩或冲击性载荷,只在大修时拆卸
过渡配合	绝大部分有较小过盈	$\dfrac{H8}{p7}$	加键后能传递很大力矩,且承受振动和冲击的配合。装配后不再拆卸
过盈配合	轻型	$\dfrac{H6}{n5}\ \dfrac{H6}{p5}\left(\dfrac{H7}{p6}\right)\dfrac{H7}{p6}\ \dfrac{H6}{r5}\ \dfrac{H8}{r7}$	用于精确的定位配合,一般不能靠过盈传递力矩,要传递力矩尚需加紧固件
过盈配合	中型	$\dfrac{H6}{s5}\left(\dfrac{H7}{s6}\right)\dfrac{H8}{s7}\ \dfrac{H6}{t5}\ \dfrac{H7}{t6}\ \dfrac{H8}{t7}$	不需加紧固件就可传递较小力矩和轴向力。加紧固件后可承受较大载荷的配合
过盈配合	重型	$\left(\dfrac{H7}{u6}\right)\dfrac{H8}{u7}\ \dfrac{H7}{v6}$	不需加紧固件就可传递和承受大的力矩和动载荷的配合。要求零件材料强度高
过盈配合	特重型	$\dfrac{H7}{x6}\ \dfrac{H7}{y6}\ \dfrac{H7}{z6}$	能传递与承受很大力矩和动载荷的配合,须经试验后方可应用

注:1.括号内的配合为优先配合;
　　2.国家标准规定的 44 种基轴制配合的应用与本表中的同名配合相同。

表 2-10　轴的基本偏差选用说明

配合类别	基本偏差	特性及应用
间隙配合	a、b	可得到特别大的间隙,应用很少
间隙配合	c	可得到很大的间隙,一般适用于缓慢、松弛的动配合,用于工作条件较差(或农业机械)、受力变形或为了便于装配而必须有较大间隙的场合。也用于热动间隙配合
间隙配合	d	适用于松的转动配合,如密封盖、滑轮、空转皮带轮与轴的配合,也适用于大直径滑动轴承配合以及其他重型机械中的一些滑动支承配合。多用于公差等级为 IT7～IT11 的场合
间隙配合	e	适用于要求有明显间隙,易于转动的支承配合,如大跨距支承、多支点支承等配合。高等级的 e 轴适用于大的、高速、重载的支承配合。多用于公差等级为 IT7～IT9 的场合
间隙配合	f	适用于一般转动配合,广泛用于普通润滑油(或润滑脂)润滑的支承配合,如齿轮箱、小电动机、泵等的转轴与滑动支承的配合。多用于公差等级为 IT6～IT8 的场合
间隙配合	g	配合间隙很小,制造成本高,除很轻负荷的精密装置外,不推荐用于转动配合。最适合不回转的精密滑动配合,也用于插销等定位配合。多用于公差等级为 IT5～IT7 的场合
间隙配合	h	广泛用于无相对转动的零件,作为一般的定位配合;若没有温度、变形影响,也用于精密滑动配合。多用于公差等级为 IT4～IT11 的场合

配合类别	基本偏差	特性及应用
过渡配合	js	平均间隙较小,多用于要求间隙比 h 轴小,并允许略有过盈的定位配合,如联轴节、齿圈与钢制轮毂等,一般可用手或木槌装配。多用于公差等级为 IT4～IT7 的场合
	k	平均间隙接近于零,推荐用于要求稍有过盈的定位配合,例如为了消除振动用的定位配合。一般用木槌装配。多用于公差等级为 IT4～IT7 的场合
	m	平均过盈较小,适用于不允许活动的精密定位配合。一般可用木槌装配。多用于公差等级为 IT4～IT7 的场合
	n	平均过盈比 m 轴稍大,很少得到间隙,适用于定位要求较高且不常拆的配合,用锤或压力机装配。多用于公差等级为 IT4 的场合
过盈配合	p	用于小过盈配合。与 H6 或 H7 配合时是过盈配合,而与 H8 配合时为过渡配合。对非铁类零件,为轻的压入配合;对钢、铸铁或铜-钢组件装配,为标准压力配合。多用于公差等级为 IT5～IT7 的场合
	r	用于传递大扭矩或受冲击载荷需要加键的配合。对铁类零件,为中等打入配合;对非铁类零件,为轻的打入配合。多用于公差等级为 IT5～IT7 的场合
	s	用于钢制和铁制零件的永久性和半永久性结合,可产生相当大的结合力。用压力机或热胀冷缩法装配。多用于公差等级为 IT5～IT7 的场合
	t～z	过盈量依次增大,除 u 外,一般不推荐

表 2-11　不同工作情况对过盈或间隙的影响

具体情况	过盈增或减	间隙增或减
材料强度低	减	—
经常拆卸	减	—
有冲击载荷	增	减
工作时孔温高于轴温	增	减
工作时轴温高于孔温	减	增
配合长度增大	减	增
配合面形状和位置误差增大	减	增
装配时可能歪斜	减	增
旋转速度增大	增	增
有轴向运动	—	增
润滑油黏度增大	—	增

续表

具体情况	过盈增或减	间隙增或减
表面趋向粗糙	增	减
单件生产相对于成批生产	减	增

4. 计算法选择配合

两工件结合面间的过盈量或间隙量确定后,可以通过计算并查表选定其配合。根据极限间隙(或极限过盈)确定配合的步骤如下:

(1) 确定基准制;

(2) 根据配合公差,查表选取孔、轴的公差等级;

(3) 确定孔、轴公差带代号;

(4) 校核计算结果。

例 2-5 某配合的基本尺寸为 $\phi 45$ mm,要求间隙在 $0.024 \sim 0.066$ mm 之间,试确定孔和轴的公差等级和配合种类。

解 (1) 选择基准制。没有特殊要求的情况下优先选用基孔制配合,基孔制配合 EI=0。

(2) 选择孔、轴公差等级。

$$T_f = X_{max} - X_{min} = T_D + T_d = (0.066 - 0.024) \text{ mm} = 0.042 \text{ mm} = 42 \ \mu\text{m}$$

查表 2-2:基本尺寸为 45,孔、轴公差之和接近 $42 \ \mu\text{m}$ 的孔和轴的公差等级介于 IT6 和 IT7 之间(两者公差之和为 $(16+25) \ \mu\text{m} = 41 \ \mu\text{m} < 42 \ \mu\text{m}$)。

因为 IT6 和 IT7 属于高的公差等级,一般取孔比轴大一级,故选孔为 IT7,$T_D = 25 \ \mu\text{m}$,轴为 IT6,$T_d = 16 \ \mu\text{m}$。

配合公差:$T_f = T_D + T_d = (25 + 16) \ \mu\text{m} = 41 \ \mu\text{m}$,小于且最接近 $42 \ \mu\text{m}$,满足使用要求。

(3) 确定孔、轴公差带代号。

孔:基孔制配合,公差等级为 IT7,其代号为 $\phi 45\text{H7}(^{+0.025}_{0})$。

轴:$X_{min} = \text{EI} - \text{es} = 0 - \text{es} = -\text{es}$。

已知 $X_{min} = 24 \ \mu\text{m}$,故 $\text{es} = -24 \ \mu\text{m}$。

由表 2-3:取轴的基本偏差为 f,其 $\text{es} = -25 \ \mu\text{m}$,最接近 $-24 \ \mu\text{m}$。则 $\text{ei} = \text{es} - \text{IT6} = (-25 - 16) \ \mu\text{m} = -41 \ \mu\text{m}$。轴的公差带代号为 $\phi 45\text{f6}(^{-0.025}_{-0.041})$

(4) 验算设计结果。

以上所选孔、轴公差带组成的配合为 $\phi 45\text{H7/f6}$,其最大、最小间隙分别为

$$X_{max} = [25 - (-41)] \ \mu\text{m} = 66 \ \mu\text{m}$$
$$X_{min} = [0 - (-25)] \ \mu\text{m} = 25 \ \mu\text{m}$$

此间隙在 $0.024 \sim 0.066$ mm 之间,设计结果满足要求。

由以上分析可知,本例所选的配合 $\phi 45\text{H7/f6}$ 是适宜的。公差带图如图 2-20 所示。

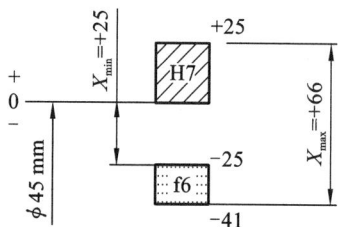

图 2-20 公差带图

2.3.4　极限与配合在图样上的标注

1. 零件图的标注

零件的主要尺寸一般都要注出公差要求,不重要尺寸的公差(IT12～IT18)一般不必标注。零件图上尺寸公差的标注方法有三种,见图 2-21。

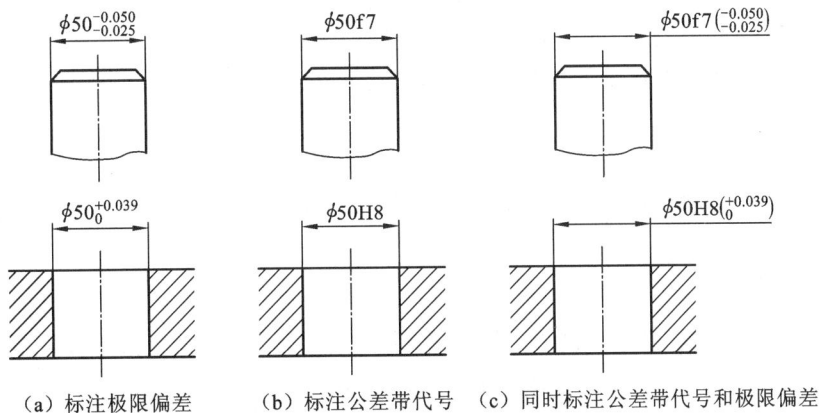

（a）标注极限偏差　（b）标注公差带代号　（c）同时标注公差带代号和极限偏差

图 2-21　零件图上尺寸公差的标注

2. 装配图的标注

装配图上,在基本尺寸之后标注配合代号,标准规定:配合代号由相互配合的孔和轴的公差带以分数的形式组成,分子为孔公差带,分母为轴公差带。常见标注方法见图 2-22。

3. 与标准件配合时的标注

与标准件配合时,仅标出该零件的公差带代号即可,不必标出标准件的公差带代号,如图 2-23 所示。轴承为标准件,其内圈与轴的配合 $\phi30k6$、外圈与孔的配合 $\phi62J7$ 都只需标出轴和孔的公差带代号,轴承的内、外圈公差带代号不必标注。

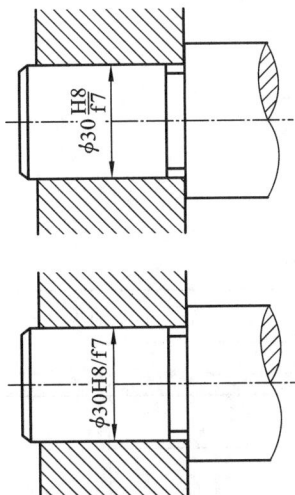

图 2-22　装配图的标注图

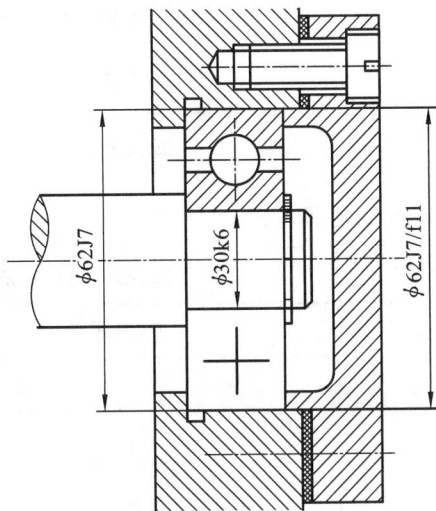

图 2-23　与标准件配合时的标注

实训项目 2 　轴承内、外径测量

一、实训目的

(1) 熟悉游标类量具的测量原理和使用方法。

(2) 熟悉螺旋测微类量具的测量原理和使用方法。

(3) 了解内、外径及长度的测量原理及方法。

微课视频

二、使用量具

本次实训主要使用的量具为游标卡尺、外径千分尺。

动画课件

三、实训任务

测量 204 及 206 规格轴承的内、外径,并判断所测量轴承是否合格。有关参数如下:

$$误差值 = |最大偏差|$$

204 轴承 P0 级:

$$d = \phi 20(^{\ 0}_{-0.010}), \quad D = \phi 47(^{\ 0}_{-0.010})$$

206 轴承 P0 级:

$$d = \phi 30(^{\ 0}_{-0.013}), \quad D = \phi 62(^{\ 0}_{-0.013})$$

四、实训报告书写(按图样绘制并填写表格)

测量图样见实训图 2-1。

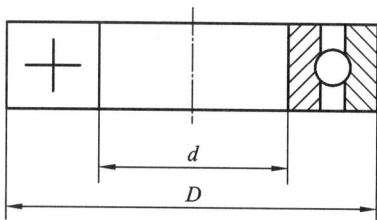

实训图 2-1　轴承测量参考图

测量数据见实训表 2-1。

实训表 2-1　轴承测量数据表

次数	204 轴承		206 轴承	
	D	d	D	d
1				
2				
3				

续表

次数	204 轴承		206 轴承	
	D	d	D	d
4				
5				
6				
误差				
结论				
量具				
测量者		日期		

五、实训参考

1. 游标类量具测量原理

游标类量具是利用游标读数原理制成的一种常用量具,它具有结构简单、使用方便、测量范围大等特点。常用的长度游标类量具有游标卡尺、深度游标尺、高度游标尺等,它们的读数原理相同,所不同的是测量面的位置不同。

1) 游标卡尺的外观结构

如实训图 2-2 所示,游标卡尺由主尺和游标组成。游标与尺身之间有弹簧片(图中未画出),利用弹簧片的弹力使游标与尺身靠紧。游标上部有一紧固螺钉,可将游标固定在尺身上的任意位置。尺身和游标上都有外测量爪和内测量爪。利用内测量爪可以测量槽的宽度和管的内径,利用外测量爪可以测量零件的厚度和管的外径。深度尺与游标连在一起,可以测量槽的深度。

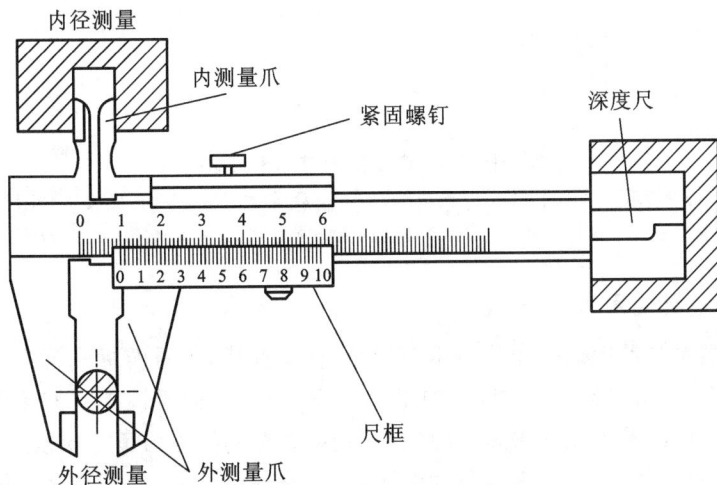

微课视频

动画课件

实训图 2-2　游标卡尺外形结构图

2）游标卡尺的读数

实际工作中常用精度为 0.05 mm 和 0.02 mm 的游标卡尺。如实训图 2-3 所示，精度为 0.05 mm 的游标卡尺的游标上有 20 个等分刻度，总值为 19 mm。游标卡尺：主尺一小格 $a=1$ mm，游标尺一小格 b 间隔比尺身刻度间隔小。主尺上的 19 格（19 mm）与游标尺上的 20 格长度相等，则游标尺每一小格 b 刻线间距 $=19/20=0.95$ mm，主尺、游标尺上的刻线间隔差 $i=a-b=(1-0.95)$ mm $=0.05$ mm。若将游标向右移动 0.05 mm，则游标上第 1 条刻线与主尺上的刻线对齐；若将游标向右移动 0.1 mm，则游标上第 2 条刻线与主尺上的刻线对齐，以此类推。所以游标在主尺刻度间隔 1 mm 内向右移动的距离，可由游标刻线与主尺刻线对齐时游标上的序号决定。如游标上第 13 条刻线与主尺上的刻线对齐，则表示游标向右移动了 13×0.05 mm $=0.65$ mm。

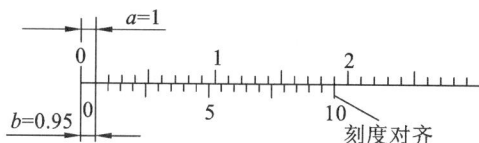

实训图 2-3 游标卡尺的精度

3）其他游标卡尺

为了读数方便，有的游标卡尺上装有测微表头，它利用机械传动装置将两测量爪的相对移动变为指示表的回转运动，通过尺身刻度和指示表读数。

电子数显游标卡尺上装有液晶显示器，如实训图 2-4 所示。它采用光栅、容栅等测量系统，由液晶显示器显示测量数值。

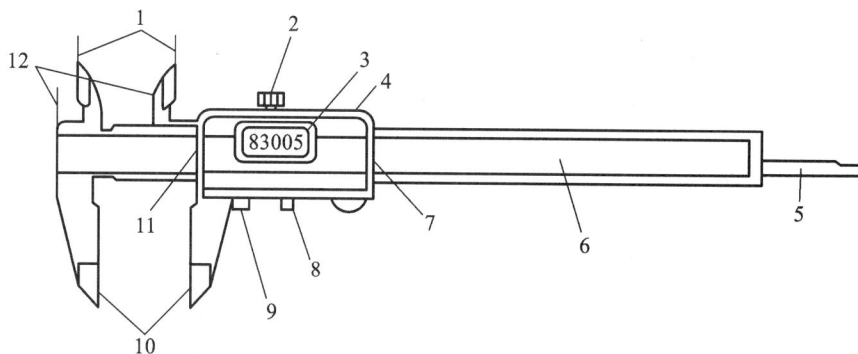

实训图 2-4 电子数显游标卡尺结构

1—内测量爪；2—紧固螺钉；3—液晶显示器；4—数据输出端口；5—深度尺；6—主尺；
7,11—防尘板；8—置零按钮；9—国际单位制/英制转换按钮；10—外测量爪；12—台阶测量面

2. 游标类量具使用步骤

使用游标类量具前应用软布将量爪擦干净，使其并拢，查看游标和尺身的零刻度线是否对齐。如果对齐，就可以进行测量；如果没对齐，则要记取零误差。游标的零刻度线在尺身零刻度线右侧的称为正零误差，在尺身零刻度线左侧的称为负零误差。

测量时，右手拿住尺身，大拇指移动游标，左手拿住待测外径（或内径）的物体，使待测物体位于外（或内）测量爪之间，当与测量爪紧紧相贴时，即可读数。用游标类量具测量零

件,在读数时,应先根据游标零线所处位置读出尺身刻度的整数部分的值,再判断游标第几根刻线与尺身刻线对齐,用游标刻线的序号乘读数值,即得到小数部分的读数。将整数部分与小数部分相加即为测量结果。

3. 螺旋测微类量具测量原理

螺旋测微类量具,是利用螺旋副运动原理进行测量和读数的一种测微量具。其按用途分为外径千分尺、内径千分尺、深度千分尺。以下主要介绍外径千分尺。

1) 外径千分尺的结构

外径千分尺简称千分尺,它是比游标卡尺更精密的长度测量仪器。外径千分尺的结构如实训图 2-5 所示。固定套管上有一条水平线,这条线上、下各有一列间距为 1 mm 的刻度线,上面的刻度线恰好在下面两相邻刻度线中间。微分筒(又称可动刻度筒)上的刻度线是将圆周分为 50 等份的水平线,微分筒可作旋转运动。

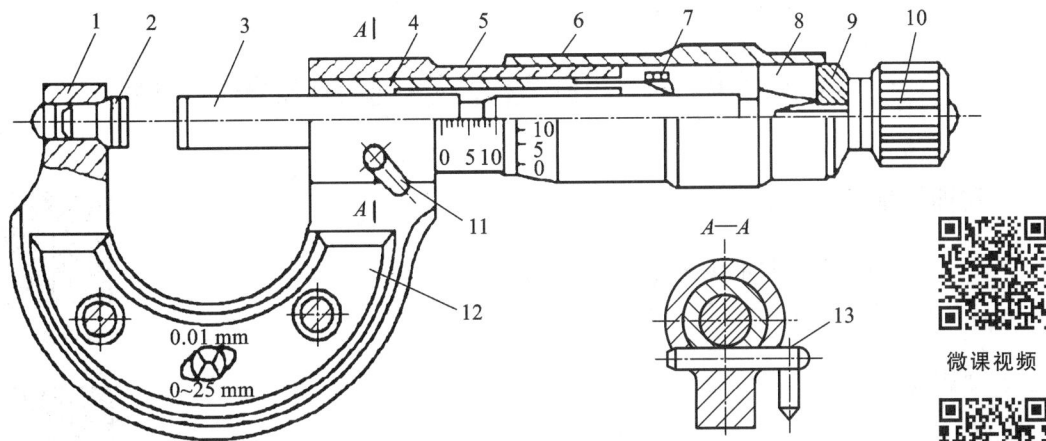

微课视频

动画课件

实训图 2-5 外径千分尺结构
1—尺架;2—测砧;3—测微螺杆;4—螺纹轴套;5—固定套管;6—活动套管;
7—调节螺钉;8—接头;9—垫片;10—测力装置;11—锁紧装置;12—隔热装置;13—锁紧轴

根据螺旋运动原理,当微分筒旋转一周时,测微螺杆前进或后退一个螺距,即 0.5 mm。这样,当微分筒旋转一个分度后,测微螺杆转过了 1/50 周,这时螺杆沿轴线移动了 $1/50 \times 0.5$ mm$=0.01$ mm,因此,使用千分尺可以准确读出精度为 0.01 mm 的数值。

2) 外径千分尺的读数

读数时,先以微分筒的端面为准线,读出固定套管下刻度线的分度值(只读出以 mm 为单位的整数),再以固定套管上的水平横线作为读数准线,读出可动刻度上的分度值。如果微分筒的端面与固定刻度的上刻度线之间无下刻度线,测量结果即为上刻度线的数值加可动刻度的值;如微分筒端面与上刻度线之间有一条下刻度线,则测量结果应为上刻度线的数值加上 0.5 mm,再加上可动刻度的值。如实训图 2-6 所示。

4. 螺旋测微类量具使用步骤

测量时,当测砧和测微螺杆并拢时,有以下两种情况:

(1) 可动刻度的零点恰好与固定刻度的零点重合。旋出测微螺杆,并使测砧和测微螺杆的面正好接触待测长度的两端(注意不可用力旋转,否则测量不准确),一旦接触到测量

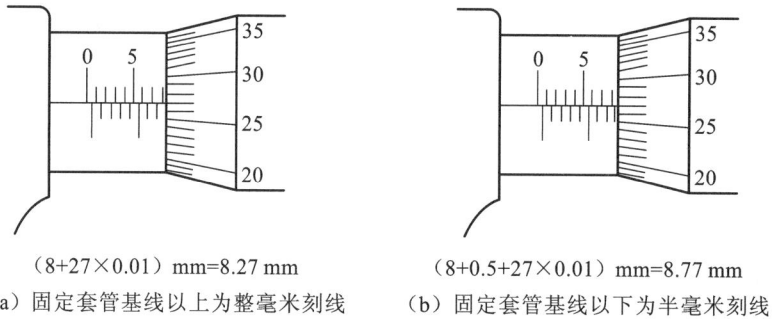

（8+27×0.01）mm=8.27 mm　　　　（8+0.5+27×0.01）mm=8.77 mm

（a）固定套管基线以上为整毫米刻线　　（b）固定套管基线以下为半毫米刻线

实训图 2-6　千分尺刻线原理与读数示例

面,慢慢旋转测力装置的小型旋钮直至产生"咔咔"的响声,这时测微螺杆向右移动的距离就是所测的长度。这个距离的整毫米数由固定刻度读出,小数部分则由可动刻度读出。

（2）可动刻度的零点与固定刻度的零点不重合时,需对读数进行修正。

▶▶▶ 实训项目 3　万能角度尺的使用及角度测量

一、实训目的

（1）了解万能角度尺的测量原理及使用方法。
（2）了解直角尺的测量原理及使用方法。

微课视频

二、使用量具

本次实训主要使用的量具为万能角度尺。

动画课件

三、实训任务

测量实训图 3-1 中零件的角度。

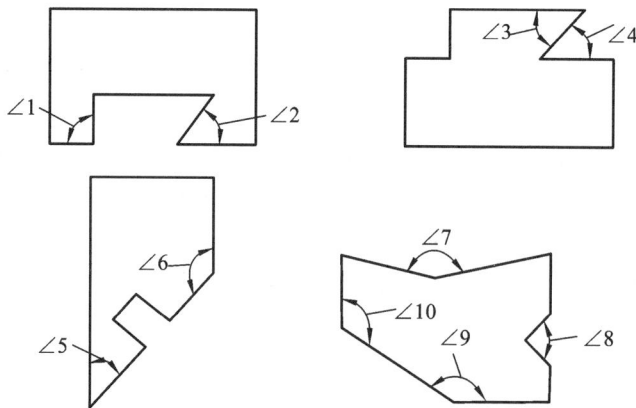

∠1=90°　∠2=60°　∠3=60°　∠4=60°　∠5=45°　∠6=135°　∠7=156°　∠8=90°　∠9=148°　∠10=122°

实训图 3-1　待测零件角度

四、实训报告书写

在实训表 3-1 中填写测量数据。

实训表 3-1　测量数据表

角	测量角度	误差	组合件
1			
2			
3			
4			
5			
6			
7			
8			
9			
10			
量具			
测量者		日期	

五、实训参考

1. 万能角尺测量原理及计量器具

游标角度规又叫万能角尺、游标量角器或游标角度尺等。它是一种常用的游标角度量具,分度值有 2′ 和 5′ 两种。万能角尺测量角度是一种直接测量法,所测量的角度能够直接从万能角尺的游标尺上读出,角度值由游标零线在尺身上指出,利用基尺、角尺、直尺的不同组合,可测量 0°～320° 的任何角度。如实训图 3-2 所示。实训图 3-2(a) 为检测 0°～50° 的角度,实训图 3-2(b) 为检测 50°～140° 的角度,实训图 3-2(c) 为检测 140°～230° 的角度,实训图 3-2(d) 为检测 230°～320° 的角度。

2. 直角尺测量原理及计量器具

用 90° 角尺可测量直角。90° 角尺分为圆柱角尺、刀口形角尺、矩形角尺、铸铁角尺和宽座角尺,其外形如实训图 3-3 所示。

90° 角尺主要用于检测零件的直角和垂直度。用 90° 角尺测量角度主要根据角尺工作面与被测工件之间的光隙大小进行判断,光隙大小用目力估计或用塞尺确定。

当缝隙小于 0.5 μm 时,看不见透光;当缝隙大于 3 μm 时,可看见白光;当缝隙在 0.5～3 μm 之间时,可看到蓝光。使用这种方法,测量精度可达 1～3 μm。

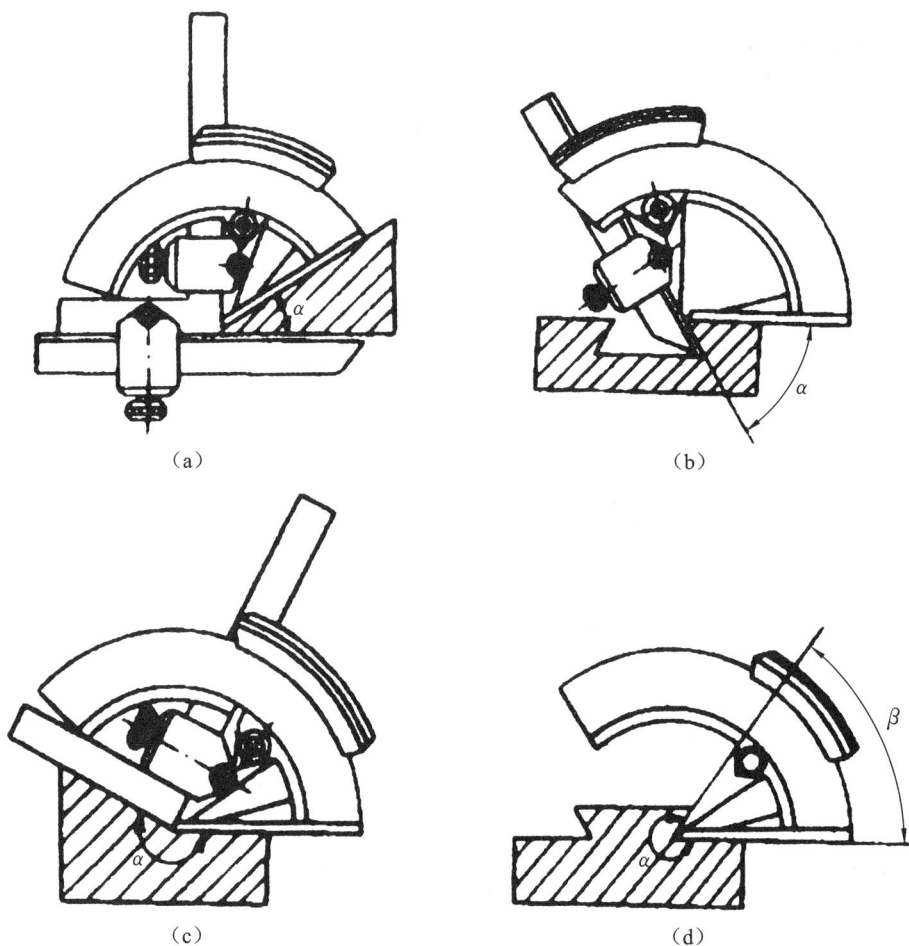

（a）

（b）

（c）

（d）

实训图 3-2　游标角度规测量组合图

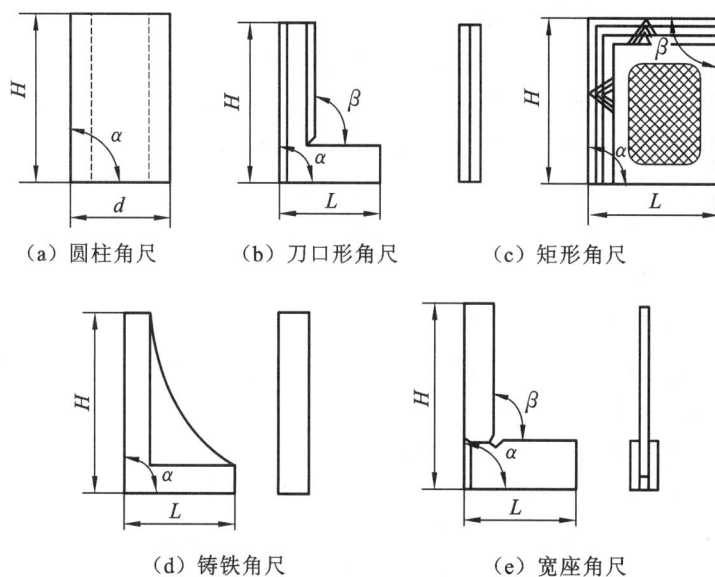

（a）圆柱角尺　　　（b）刀口形角尺　　　（c）矩形角尺

（d）铸铁角尺　　　（e）宽座角尺

实训图 3-3　90°角尺

3. 测量步骤

（1）将被测工件擦净放在平板或工作台上。如工件太小，可用手把住。

（2）据被测零件角度的大小，按实训图 3-2 所示四种状态之一进行万能角尺的组合。

（3）松开万能角尺的制动头，使万能角尺的两边与被测角度的两边贴紧，目测应无缝隙，然后锁紧制动头，即可读数。

（4）根据被测角度的极限偏差判断被测角度的合格性。

（5）填写实训报告。

练习题

2-1　试说明下列概念是否正确。

（1）公差是孔或轴尺寸允许的最大偏差。

（2）公差一般为正值，在个别情况下也可以为负值或零。

（3）过渡配合是指可能具有间隙，也可能具有过盈的配合。因此，过渡配合可能是间隙配合，也可能是过盈配合。

（4）孔或轴的实际尺寸恰好加工为基本尺寸，但不一定合格。

（5）基本尺寸相同的孔和轴的极限偏差的绝对值越大，则其公差值也越大。

（6）同一图样加工一批孔后测量它们的实际尺寸。其中最小的实际尺寸为 $\phi 50.010$ mm，最大的实际尺寸为 $\phi 50.025$ mm，则该孔实际尺寸的允许变动范围可以表示为 $\phi 50^{+0.025}_{+0.010}$ mm。

2-2　为什么要规定基本偏差？基本偏差数值与标准公差等级是否有关？

2-3　为什么孔与轴配合应优先采用基孔制？在什么情况下应采用基轴制？

2-4　选用公差等级要考虑哪些因素？是否公差等级越高越好？

2-5　查表确定下列各配合的极限偏差，计算极限间隙或极限过盈、配合公差，判断其基准值及配合种类。

（1）$\phi 20M6/h5$；

（2）$\phi 50H8/k7$；

（3）$\phi 20K8/h7$；

（4）$\phi 80S7/h6$；

（5）$\phi 140H7/u7$；

（6）$\phi 48F9/h9$；

（7）$\phi 72H7/p6$；

（8）$\phi 105U7/h6$。

2-6　已知某配合中孔、轴的基本尺寸为 60 mm，孔的最大极限尺寸为 59.979 mm，最小极限尺寸为 59.949 mm，轴的最大极限尺寸为 60 mm，轴的最小极限尺寸为 59.981 mm，试求孔、轴的极限偏差、基本偏差和公差，并画出孔、轴公差带示意图。

2-7　已知表中的配合，试将查表和计算结果填入表中。

题 2-7 表

公差带	基本偏差	标准公差	极限盈隙	配合公差	配合类别
$\phi80S7$					
$\phi80h6$					

2-8　指出表中三对配合的相同点和不同点。

题 2-8 表

组别	孔公差带	轴公差带	相同点	不同点
1	$\phi25^{+0.033}_0$	$\phi25^{-0.020}_{-0.041}$		
2	$\phi25^{+0.033}_0$	$\phi25\pm0.010$		
3	$\phi25^{+0.033}_0$	$\phi25^{0}_{-0.021}$		

　　2-9　有一基孔制配合,孔和轴的基本尺寸为 50 mm,该配合要求最大间隙为+0.115 mm,最小间隙为+0.045 mm。试确定孔和轴的极限偏差,并画出公差带示意图。

　　2-10　某孔、轴配合,基本尺寸为 $\phi75$ mm,配合允许 $X_{max}=+0.028$ mm,$Y_{max}=-0.024$ mm,试确定其配合公差带代号。

　　2-11　已知基孔制配合 $\phi45H7/t6$ 中,孔和轴的标准公差分别为 25 μm 和 16 μm,轴的基本偏差为+54 μm,由此确定配合性质不变的同名基轴制配合 $\phi45H7/t6$ 中孔的基本偏差和极限偏差。

　　2-12　$\phi18M8/h7$ 配合和 $\phi40H8/js7$ 配合中孔、轴的标准公差 IT7=0.018 mm,IT8=0.024 mm,$\phi18M8$ 孔的基本偏差为+0.002 mm。试计算这两种配合各自的极限间隙(或极限过盈)。

　　2-13　图中所示的起重机吊钩的铰链,叉头 1 的左、右两孔与销轴 2 的基本尺寸皆为 $\phi20$ mm,叉头 1 的两个孔与销轴 2 的配合要求采用过渡配合,拉杆 3 的 $\phi20$ mm 孔与销轴 2 的配合要求采用间隙配合。试分析它们应该采用哪种基准制。

　　2-14　图为钻床的钻模夹具简图。夹具由定位套 3、钻模板 1 和钻套 4 组成,安装在工件 5 上。钻头 2 的直径为 10 mm。已知:

　　(1) 钻模板 1 的中心孔与定位套 3 上端的圆柱面的配合①有定心要求,基本尺寸为 $\phi50$ mm。钻模板 1 上圆周均布的四个孔分别与对应四个钻套 4 的外圆柱面的配合②有定心要求,基本尺寸分别为 $\phi18$ mm,它们皆采用过盈不大的固定联结。

　　(2) 定位套 3 下端的圆柱面的基本尺寸为 $\phi80$ mm,它与工件 5 的 $\phi80$ mm 定位孔的配合③有定心要求,在安装和取出定位套 3 时,它需要轴向移动。

　　(3) 钻套 4 的 $\phi10$ mm 导向孔与钻头 2 的配合④有导向要求,且钻头应能在转动状态下进入该导向孔。

试选择上述四处配合部位的配合种类,并简述理由。

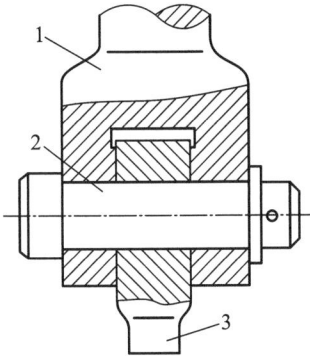

题 2-13 图

1—叉头;2—销轴;3—拉杆

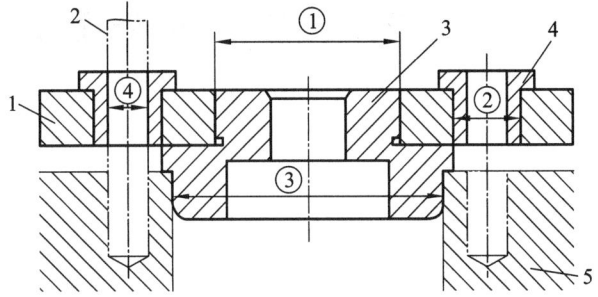

题 2-14 图

1—钻模板;2—钻头;3—定位套;4—钻套;5—工件

形状和位置公差及检测

1. 了解形位误差的测量原理及方法。
2. 理解形状和位置公差并能正确标注。
3. 熟悉通用量具的使用方法。

思 政 目 标

使学生了解形状和位置公差对产品质量的影响,强化学生的质量意识,培养学生的责任感和使命感,确保产品在制造和使用过程中的稳定性和可靠性。

学习重难点

重点:

1. 形位公差的正确标注。
2. 量具的正确选择及使用。

难点:理解不同形位公差的不同测量方法及测量数据处理。

教学及实训准备

教具:课本、实训报告册、绘图工具包。

教学场地:多媒体教室、测量教室。

》》》 知识点 3.1　概述及要素

3.1.1　概述

由于机床夹具、刀具及工艺操作水平等因素的影响,经过机械加工后,零件的尺寸、形状及表面质量均不能做到完全理想而出现加工误差,归纳起来除了有尺寸误差外,还会出现形状误差、位置误差和表面粗糙度等。

零件在加工过程中,形状和位置误差(简称形位误差)是不可避免的。工件在机床上的定位误差、切削力、夹紧力等因素都会造成各种形位误差。钻孔时钻头移动方向与工作台面不垂直,会造成孔的轴线对定位基面的垂直度误差。

形位误差不仅会影响机械产品的质量(如工作精度、联结强度、运动平稳性、密封性、耐磨性、噪声和使用寿命等),还会影响零件的互换性。比如:平面的形状误差,会减小配合零件的实际接触面积,增大单位面积压力,从而增加变形。再如:轴承盖上螺钉孔的位置不正确(属位置误差),会使螺钉装配不上;在齿轮传动中,两轴承孔的轴线平行度误差(也属位置误差)过大,会降低轮齿的接触精度,影响齿轮的使用寿命。

为了满足零件的使用要求,保证零件的互换性和制造的经济性,设计时不仅要控制尺寸误差和表面粗糙度,还必须合理控制零件的形位误差,即对零件规定形状和位置公差(简称形位公差)。

有关形位公差的国家标准如下:《产品几何技术规范(GPS) 几何公差 形状、方向、位置和跳动公差标注》(GB/T 1182—2018);《形状和位置公差 未注公差值》(GB/T 1184—1996);《产品几何技术规范(GPS) 基础概念、原则和规则》(GB/T 4249—2018);《产品几何技术规范(GPS) 几何公差 最大实体要求(MMR)、最小实体要求(LMR)和可逆要求(RPR)》(GB/T 16671—2018);《产品几何技术规范(GPS) 几何公差 检测与验证》(GB/T 1958—2017)。

3.1.2 要素

形位公差的研究对象就是构成零件几何特征的点、线、面,统称为几何要素,简称要素。图 3-1 所示的零件,可以分解成球面、球心、圆锥面、端平面、圆柱面、圆锥顶点(锥顶)、素线、轴线等要素。要素可从以下不同角度分类。

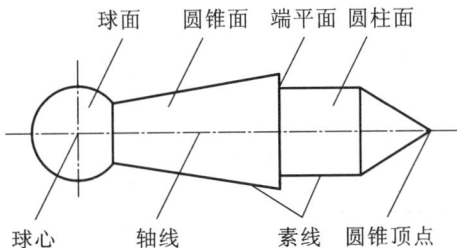

图 3-1　几何要素

1. 按存在状态分

(1) 理想要素:具有几何学意义,没有任何误差的要素,设计时在图样上表示的要素均为理想要素。理想要素可分为轮廓要素和中心要素。

(2) 实际要素:零件在加工后实际存在,有误差的要素。它通常由测得要素来代替。由于测量误差的存在,测得要素并非该要素的真实情况。实际要素可分为轮廓要素和中心要素。

2. 按几何特征分

(1) 轮廓要素:构成零件轮廓的可直接触及的点、线、面。如图 3-1 所示的圆锥顶点、素线、圆柱面、圆锥面、端平面、球面等。

(2) 中心要素:不可触及的,轮廓要素对称中心所示的点、线、面。如图 3-1 所示的球心、轴线等。

轮廓要素和中心要素均有理想与实际两种情况。

3. 按在形位公差中所处的地位分

（1）被测要素：零件图中给出了形状或（和）位置公差要求，即需要检测的要素。

（2）基准要素：用以确定被测要素的方向或位置的要素，简称基准。

被测要素和基准要素可以是中心要素，也可以是轮廓要素，它们均有理想和实际两种情况。

4. 按被测要素的功能关系分

（1）单一要素：仅对其本身给出形状公差要求的要素。

（2）关联要素：对其他要素有功能关系的要素，即规定位置公差的要素。

》》》 知识点 3.2 形位公差

3.2.1 形位公差项目及符号

国家标准规定了 14 项形位公差项目，如表 3-1 所示。

表 3-1 形位公差的项目及其符号

公差类型		特征项目	符号	有无基准要求
形状	形状	直线度	—	无
		平面度	▱	无
		圆度	○	无
		圆柱度	⌭	无
形状或位置	轮廓	线轮廓度	⌒	有或无
		面轮廓度	⌓	有或无
位置	定向	平行度	//	有
		垂直度	⊥	有
		倾斜度	∠	有
	定位	位置度	⊕	有或无
		同轴（同心）度	◎	有
		对称度	═	有
	跳动	圆跳动	⟋	有
		全跳动	⟋⟋	有

3.2.2　形位公差的标注方法

按国家标准的规定,在图样上标注形位公差时,应采用代号标注。无法采用代号标注时,允许在技术条件中用文字加以说明。形位公差项目的符号、框格、指引线、公差数值、基准符号以及其他有关符号构成了形位公差的代号。

1. 公差框格

形位公差的框格由两格或多格组成:第一格填写公差项目的符号;第二格填写公差值及有关符号;第三、四、五格填写代表基准的字母及有关符号。公差框格示例见图 3-2。

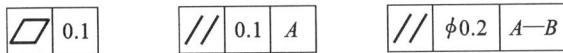

图 3-2　公差框格示例

公差框格中填写的公差值必须以 mm 为单位,当公差带形状为圆、圆柱和球形时,应分别在公差值前面加注"ϕ"和"$S\phi$"。

2. 框格指引线

标注时指引线可由公差框格的一端引出,并与框格端线垂直,箭头指向被测要素,箭头的方向是公差带宽度方向或直径方向,见图 3-3。

当被测要素为轮廓要素时,指引线的箭头应指在轮廓线或其延长线上,并应与尺寸线明显地错开,如图 3-3(a)所示;当被测要素为中心要素时,指引线箭头应与该要素的尺寸线对齐或直接标注在轴线上,如图 3-3(b)所示。而当被测要素为圆锥体母线时,指引线箭头应与圆锥体母线的法线方向一致。

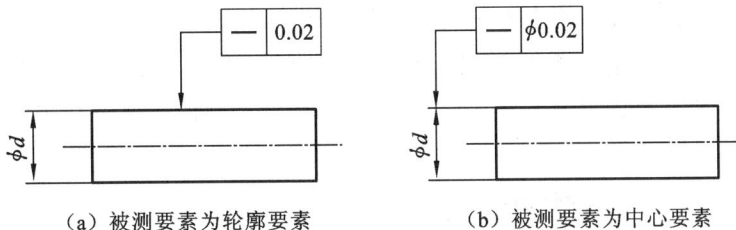

（a）被测要素为轮廓要素　　　　　（b）被测要素为中心要素

图 3-3　指引线箭头指向被测要素位置

3. 基准

基准符号与基准代号如图 3-4 所示。

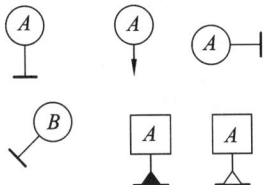

图 3-4　基准符号与基准代号示例

基准代号的字母采用大写拉丁字母,为避免混淆,标准规定不采用 E、I、J、M、O、P、L、R、F 等字母。基准的顺序在公差框格中是固定的,第三格填写第一基准代号,之后依次填写第二、三基准代号,当两个要素组成公共基准时,用横线隔开两个大写字母,并将其标在第三格内。应该注意的是,无论基准符号在图样上的方向如何,圆圈内的字母要水平书写。

与指引线的位置同理,当基准要素为轮廓要素时,基准符号应在轮廓线或其延长线上,并应与尺寸线明显地错开,如图 3-5(a)所示;当基准要素为中心要素时,基准符号一定要与该要素的尺寸线对齐,如图 3-5(b)所示。

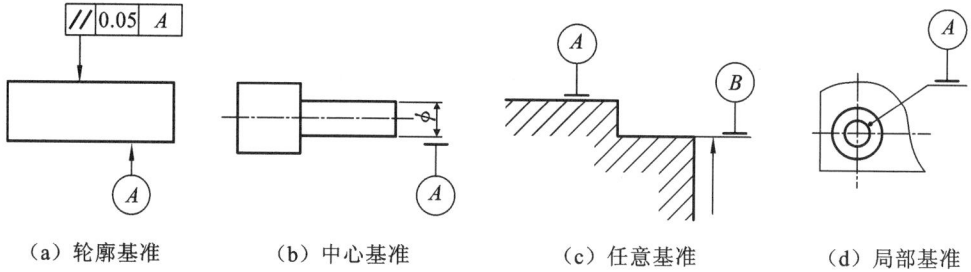

（a）轮廓基准　　　　（b）中心基准　　　　（c）任意基准　　　　（d）局部基准

图 3-5　基准的标注方法

当基准要素和被测要素为任意基准(任意选择可以互换)时,标注方法见图 3-5(c)。

当基准要素(或被测要素)为视图上的局部表面时,可将基准符号(公差框格)标注在带圆点的参考线上,圆点标于基准面(被测面)上,见图 3-5(d)。

4. 形位公差标注的简化

在不影响读图或引起误解的前提下,可采用简化标注方法。

（1）当结构相同的几个要素有相同的形位公差要求时,可只标注出其中的一个要素,并在框格上方标明。如有 4 个要素,则注明"4×ϕ"或"4 槽"等,如图 3-6(a)所示。

（2）当同一要素有多个公差要求时,只要被测部位和标注表达方法相同,就可将框格重叠,如图 3-6(b)所示。

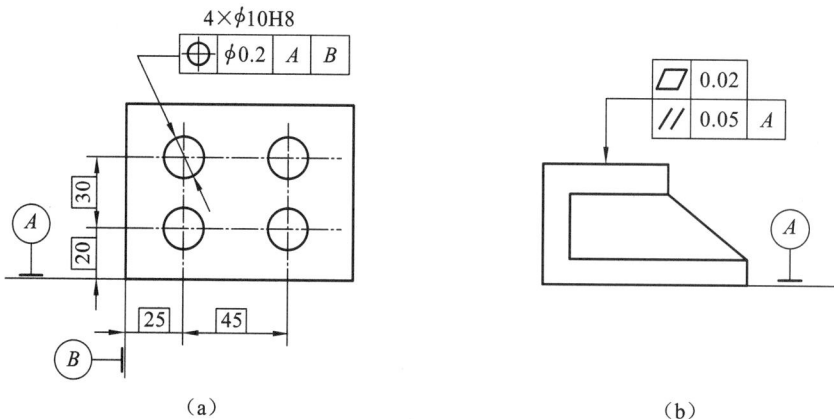

（a）　　　　　　　　　　　　　　　（b）

图 3-6　形位公差的简化标注

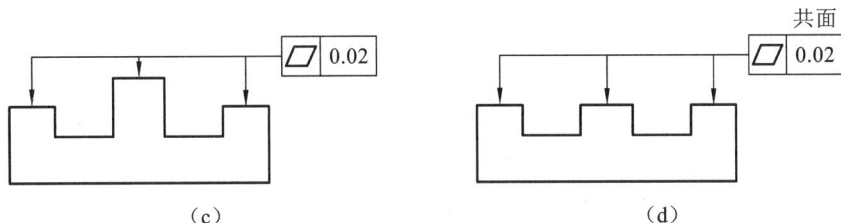

续图 3-6

（3）当多个要素有同一公差要求时，可用一个公差框，自框格一端引出多根指引线指向被测要素，如图 3-6(c)所示；若要求各被测要素具有共同的公差带，应在公差框格上方注明"共面"或"共线"，如图 3-6(d)所示。

5. 其他标注

（1）如果在被测要素任意局部范围内提出公差要求，则应将该局部范围的尺寸（长度、边长或直径）标注在形位公差值的后面，用斜线相隔，如图 3-7(a)、(b)所示。

（2）如果仅对要素的某一部分提出公差要求，则用粗点画线表示其范围，并加注尺寸，如图 3-7(c)所示。同理，如果要求要素的某一部分作为基准，则该部分也应用粗点画线表示并加注尺寸。

（3）当被测要素为视图上的整个外轮廓线（面）时，应采用全周符号，如图 3-7(d)所示。

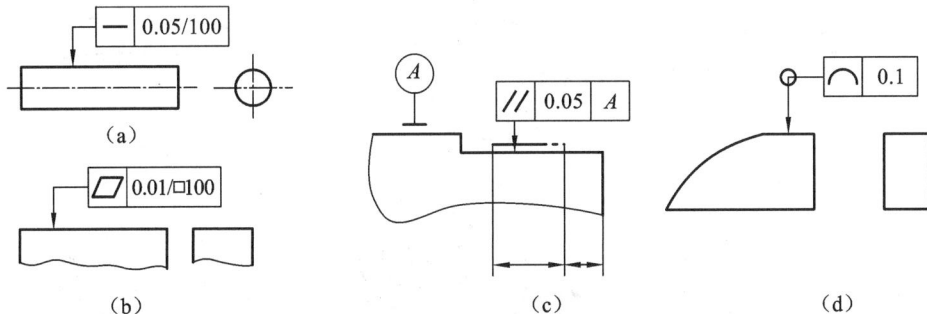

图 3-7　其他标注

（4）如果要求在公差带内进一步限定被测要素的形状，则应在公差值后面加注符号，见表 3-2。

表 3-2　形位公差值的附加符号

符号	含义	举例
（—）	只允许中间部分向材料内部凹下	— $t(-)$
（+）	只允许中间部分向材料外部凸起	▱ $t(+)$
（▷）	只允许从左至右减小	$t(\triangleright)$
（◁）	只允许从右至左减小	$t(\triangleleft)$

3.2.3 形位公差带

形位公差带是限制实际被测要素变动的区域,其大小是由形位公差值确定的。只要被测实际要素在公差带内,被测要素就合格。

形位公差带控制的不是两点之间的距离,而是点(平面、空间)、线(素线、轴线、曲线)、面(平面、曲面)、圆(平面、空间、整体圆柱)等区域,所以它不仅有大小,还有形状、方向、位置,共 4 个要素。

1. 形状

形位公差带的形状随实际被测要素的结构特征、所处的空间以及要求控制方向的不同而有所不同,形位公差带的形状有 9 种,如图 3-8 所示。

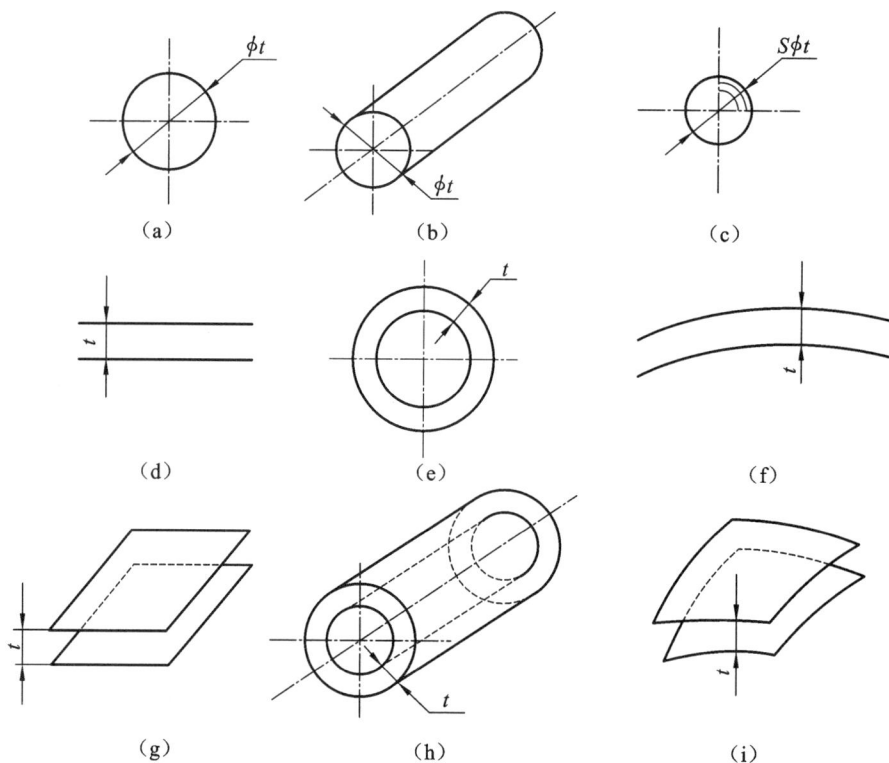

图 3-8　形位公差带的形状

2. 大小

形位公差带的大小有两种情况,即公差带区域的宽度(距离)t 或直径 ϕt($S\phi t$),它表示形位精度要求的高低。

3. 方向

形位公差带的方向理论上应与图样上形位公差框格指引线箭头所指的方向垂直。

4. 位置

形位公差带的位置分为浮动和固定,有以下三种情况:

(1) 形状公差带(直线度、平面度、圆度、圆柱度):具有大小和形状,其方向和位置是浮动的。

(2) 定向公差带(平行度、垂直度、倾斜度):除具有大小和形状外,相对于基准有方向要求,位置是浮动的。

(3) 定位(同轴度、对称度、位置度)和跳动公差带:除具有大小、形状、方向外,相对于基准而言,其位置是固定的。

⟫⟫⟫ 知识点 3.3　形状公差及检测

3.3.1　形状公差项目

形状公差(包括没有基准要求的线轮廓度、面轮廓度)共有 6 项。随被测要素的结构特征和对被测要素的要求不同,直线度、线轮廓度、面轮廓度都有多种类型。形状公差项目的意义和说明见表 3-3。

表 3-3　形状公差项目的意义和说明

项目	图样示例	意义	读图说明
直线度		圆柱表面上任一素线必须位于轴向平面内且距离为公差值 0.01 mm 的两平行直线之间	箭头所指处无尺寸线且项目为直线度,由此可知被测要素为表面素线;图样规定了公差带的形状和大小特征。 读法:圆柱素线的直线度公差为 0.01 mm
		ϕd 圆柱体轴线必须位于直径为公差值 0.04 mm 的圆柱面内	指引线箭头与尺寸线对齐,可知被测要素为 ϕd 圆柱体轴线;公差值前有"ϕ",可知公差带形状为圆柱面。 读法:ϕd 轴线的直线度公差为 0.04 mm

项目	图样示例	意 义	读图说明
平面度		上表面必须位于距离为公差值 0.1 mm 的两平行平面之间	被测要素是上表面;公差带(形状)为两平行平面区域。 读法:上表面的平面度公差为 0.1 mm
圆度	(a) (b)	在垂直于轴线的任一正截面上,截面圆必须位于半径差为公差值 0.02 mm 的两同心圆之间	该公差项目为圆度,被测要素是圆柱面或圆锥面的截面圆,且公差带(形状)必然是两同心圆间区域;两同心圆的半径差由公差值确定,半径则随实际截面圆改变。 图(a)中,指引线箭头亦可指向主视图(垂直于轴线)。 图(b)中,指引线箭头不能指向左视图,在主视图上亦不能垂直于素线,因为那不是公差带的宽度方向。 读法:圆柱(锥)面任一截面圆的圆度公差为 0.02 mm
圆柱度		圆柱面必须位于半径差为公差值 0.05 mm 的两同轴圆柱面之间	项目为圆柱度,被测要素为所指圆柱面,公差带(形状)必然是两同轴圆柱面间区域,两同轴圆柱面的半径差由公差值确定,半径则随实际圆柱面改变。 读法:圆柱面的圆柱度公差为 0.05 mm

续表

项目	图样示例	意义	读图说明
线轮廓度	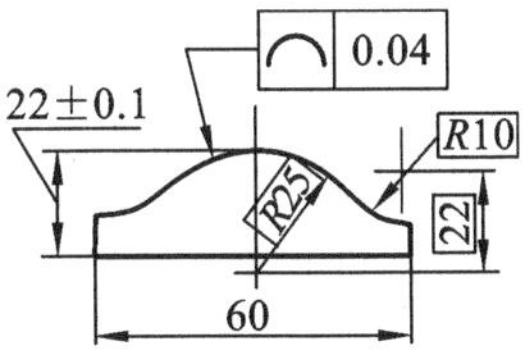 22±0.1 ⌒ 0.04 R25 R10 22 60	在平行于正投影面的任一截面上,实际轮廓线必须位于包络一系列直径为公差值 0.04 mm 且圆心在理想轮廓线上的两包络线之间 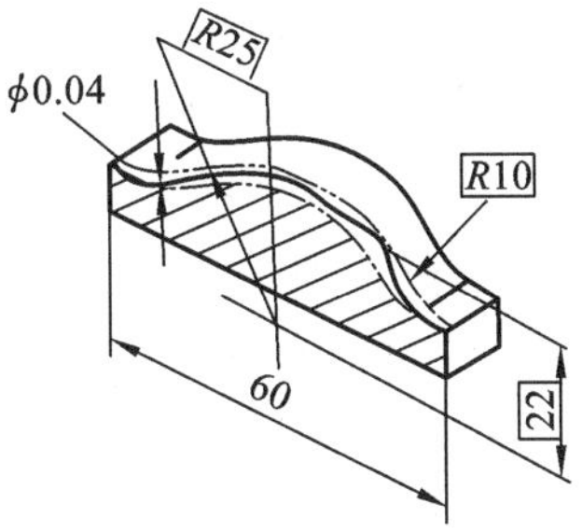 φ0.04 R25 R10 60 22	带方框的尺寸称为理论正确尺寸,用来确定被测要素的理想形状、方向或(和)位置,本身不附带公差,实际要素的误差受相应的形位公差限制。 公差带形状为两等距曲线,其法向距离为公差值。 读法:任一正截面的截面曲线的线轮廓度公差为 0.04 mm
面轮廓度	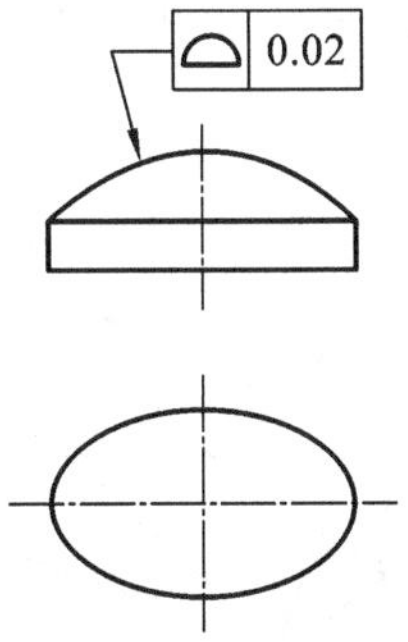 ⌓ 0.02	实际轮廓面必须位于包络一系列球的两包络面之间,各球的直径为公差值 0.02 mm,且球心在理想轮廓面上 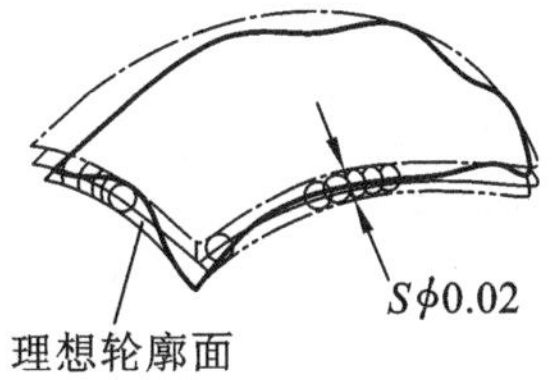 理想轮廓面 S φ0.02	理想轮廓面仍由理论正确尺寸(图中未标出)确定。 公差带形状为两等距曲面,其法向距离为公差值。 读法:所指表面的面轮廓度公差为 0.02 mm

3.3.2 形状误差的评定

1. 形状误差和形状公差

形状误差是指单一被测要素对其理想要素的变动量。形状公差是指单一被测要素的形状所允许的变动全量,是为限制形状误差而设置的。形状公差带的共同特点:位置不固定,方向浮动,没有基准。

形状误差与形状公差项目相对应,共有 4 种形状误差,即直线度误差、平面度误差、圆度误差和圆柱度误差。

判断零件形状误差合格的条件:形状误差值(f)小于或等于其相应的形状公差值(t),即 $f \leqslant t$ 或 $\phi f \leqslant \phi t$。

2. 最小条件与最小区域

最小条件是指被测要素相对于理想要素的最大变动量为最小,是评定形状误差的基本原则。

将被测要素与其理想要素进行比较以检测形状误差时,理想要素相对于被测实际要素的位置不同,测得的形状误差值也会有所不同。

(1) 对于轮廓要素,如图 3-9(a)所示,测直线度误差时,理想要素分别处于位置 A_1—B_1、A_2—B_2、A_3—B_3 时,直线度误差值分别是 h_1、h_2、h_3。显然,$h_1 < h_2 < h_3$。为了使形状误差测得值具有唯一性,同时又能最大限度地避免工件误废,国家标准规定,评定形状误差时,理想要素相对于被测实际要素的位置必须按最小条件确定,即理想要素的位置应使被测实际要素对该理想要素的最大变动量为最小。图 3-9(a)中的三个位置,只有位置 A_1—B_1 满足最小条件要求,h_1 即为测得的直线度误差值。从图中可以看出,h_1 也是包容实际被测要素的两理想要素所构成的最小区域的宽度,即 $f = h_1$。

(2) 对于中心要素,符合最小条件的理想要素穿过实际中心要素,使实际要素对它的最大变动量为最小。如图 3-9(b)所示,符合最小条件的理想轴线为 L_1,最小直径 $\phi f = \phi d_1$。

所以形状误差值是用最小包容区域的宽度或直径表示的。最小包容区域是指包容被测实际要素,且具有最小宽度或直径的两理想要素之间的区域,简称最小区域。最小包容区域的形状、方向、位置与各自的形状公差带的形状、方向、位置相同,只是其大小(宽度或直径)等于形状误差值,由被测要素确定。而公差带的大小等于公差值,由设计给定。例如,平面度误差的最小包容区域是距离为平面度误差值 f 且包容实际被测平面的两平行平面之间的区域,如图 3-10 所示。

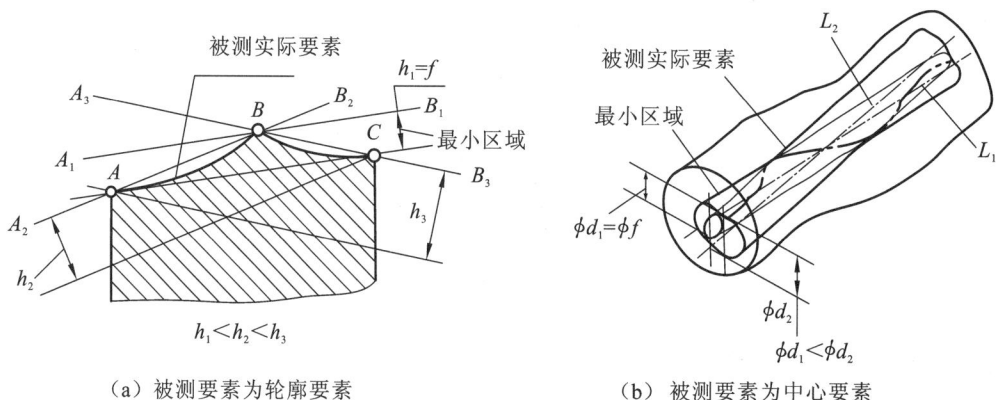

(a) 被测要素为轮廓要素 　　　　(b) 被测要素为中心要素

图 3-9　最小条件和最小区域

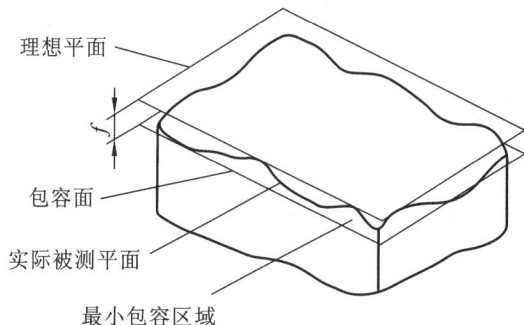

图 3-10　平面度误差的最小区域

实训项目4　气缸内径圆度及圆柱度测量

一、实训目的

(1) 掌握内径百分表的使用方法。

(2) 掌握用外径千分尺和内径百分表检测气缸的圆度、圆柱度误差的方法。

(3) 掌握圆度及圆柱度的测量方法。

微课视频

动画课件

二、使用量具

本次实训主要使用的量具为内径百分表、外径千分尺。

三、实训任务

测量气缸内径圆度及圆柱度。有关参数如下：

$$截面圆圆度误差＝|最大偏差/2|$$

$$圆柱度误差＝|(最大偏差－最小偏差)/2|$$

结论依据：

(1) 若圆度误差>0.05 mm，则需要修理；若≤0.05 mm，则换活塞即可。

(2) 如圆柱度误差>0.18～0.20 mm，则要大修。

四、实训报告书写（按图样绘制并填写表格）

测量图样见实训图4-1。

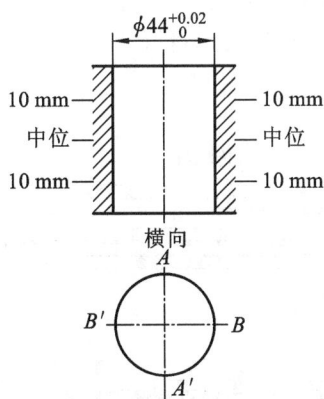

实训图4-1　气缸内径尺寸测量示意图

测量数据见实训表4-1。

实训表 4-1　气缸内径测量数据表

测量部位		实际偏差		误差
第一位	A—A'			
	B—B'			
第二位	A—A'			
	B—B'			
第三位	A—A'			
	B—B'			
圆柱度误差			结论	
量具				
测量者			日期	

五、实训参考

1. 测量原理及计量器具

内径百分表是用相对测量法测量孔径的常用量仪。测量时先根据孔的基本尺寸 L 组合量块组,并以此作为标准尺寸(或用精密标准环规),用标准尺寸 L 来调整内径百分表的零位,然后用内径百分表测出被测孔径相对零位的偏差 ΔL,则被测孔径 $D = L + \Delta L$。内径百分表可测量 6~1000 mm 范围内的尺寸,特别适合测量深孔。

1) 内径百分表的结构

内径百分表由百分表和装有杠杆系统的测量装置组成。实训图 4-2 所示是内径百分表的结构图。百分表是其主要部件,百分表是借助齿轮齿条传动或杠杆齿轮传动机构将测杆的线位移转变为指针回转运动的指示量仪。

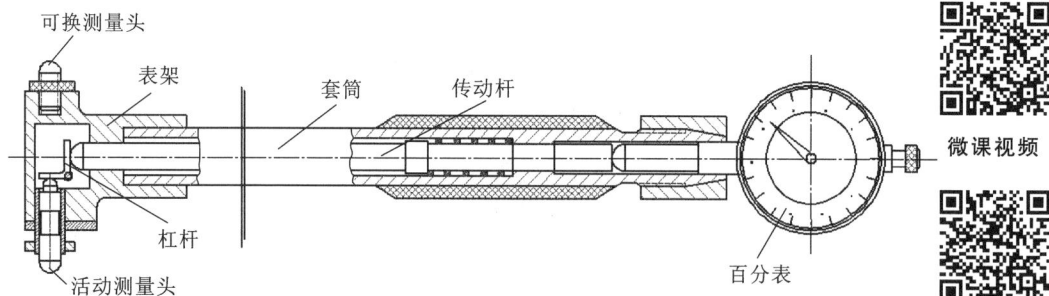

微课视频

动画课件

实训图 4-2　内径百分表结构图

内径百分表在测量装置下端装有活动测量头,另一端装有可换测量头,表架套杆的管口上端装有百分表,当活动测量头沿水平方向移动时,推动直角杠杆产生回转运动,通过它又推动传动杆,带动百分表的测量杆上下移动,使百分表指针产生回转,指示出读数值。

内径百分表的工作原理如实训图 4-3 所示。

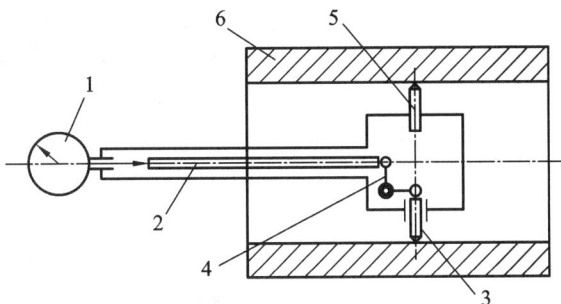

实训图 4-3　内径百分表工作原理图
1—百分表；2—传动杆；3—活动测量头；4—杠杆；5—可换测量头；6—表架套杆

由于杠杆的两触点与回转轴心线间是等距离的，因此活动测量头移动距离与活动杠杆的移动距离完全相同，当活动测量头上的尺寸变化时，就直接反映到上端的百分表上。

测量架下端的定位装置和定位弹簧用来测量内径时，帮助找正直径位置，以确保两个测量头能够准确位于内径的两端。

内径百分表附有一套包含各种长度的可换测量头，可根据被测物体内径的大小选用长度适当的可换测量头。

2）内径百分表的测量原理

内径百分表的测量杆移动 1 mm，指针转动一圈，刻度盘沿圆周刻有 100 条等分刻度线，当测量杆上下移动 0.01 mm 时，指针转一格，即内径百分表的分度值为 0.01 mm。这样通过齿轮传动系统，将测量杆的微小位移经放大转变为指针的偏转。

内径百分表的示值范围有 0～3 mm、0～5 mm、0～10 mm。

2. 测量步骤

1）预调整

将内径百分表装入测量杆内，预压缩 1 mm 左右（内径百分表的小指针指在 1 的附近）后锁紧。根据被测零件基本尺寸选择适当的可换测量头并将其装入测量杆的头部，用专用扳手锁紧螺母。

2）对零位

因内径百分表是用相对法测量的器具，故在使用前必须用其他量具根据被测件的基本尺寸校对内径百分表的零位。

按被测零件的基本尺寸组合量块，并将其装夹在量块的附件中（或用精密标准环规，或按基本尺寸调整好并安装在外径千分尺的两测量砧之间），将内径百分表的两测量头放在量块附件的两测量脚之间，摆动测量杆使百分表读数最小，此时可转动百分表的滚花环，使刻度盘的零刻度线对准百分表的长指针。如此反复几次以检验零位的准确性，记住百分表小指针的读数，即调好零位。然后用手轻压定位板使活动测量头内缩，当固定测量头脱离接触时，再缓慢地将内径百分表从量块夹（或外径千分尺的测量砧）内取出。这种零位校对方法可以保证校对零位的准确性及内径百分表的测量精度，但操作比较麻烦，且对量块的使用环境要求较高。

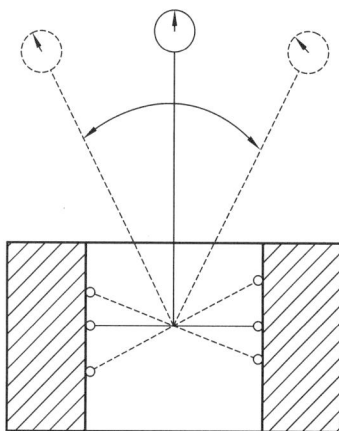

实训图 4-4　内径百分表找点

3）测量

手握内径百分表的隔热手柄,先将内径百分表的活动测量头和定心护桥轻轻压入被测孔径中,然后将固定测量头放入。当测量头达到指定的测量部位时,将表微微在轴向截面内摆动,如实训图 4-4 所示,读出指示表的最小读数,即为该测量点孔径的实际偏差(是指表的实际读数与零位读数之差)。由测得的实际偏差值计算孔的实际尺寸。

测量时要特别注意该实际偏差的正、负符号,表针按顺时针方向未达到零点的读数是正值,表针按顺时针方向超过零点的读数是负值。在孔轴向的不同截面及径向截面的不同方向上进行测量,并记录测量数据。

实训项目 5　直线度及平面度的测量

一、实训目的

(1) 掌握用刀口尺、塞尺测量平板的直线度的方法。
(2) 掌握用百分表测量平板的平面度的测量方法及读数值计算。

二、使用量具

本次实训主要使用的量具为百分表、刀口尺、塞尺。

三、实训任务

测量钢板平面直线度及平面度。有关参数如下:

$$直线度误差＝直线度最大偏差$$
$$平面度误差＝|最大偏差－最小偏差|$$

四、实训报告书写(按图样绘制并填写表格)

测量图样见实训图 5-1。

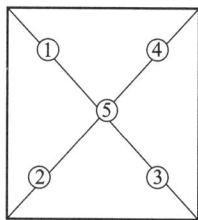

实训图 5-1　测量示意图

微课视频

动画课件

测量数据见实训表 5-1。

实训表 5-1　测量数据表

测量部位		实际偏差
平面度	1 点	
	2 点	
	3 点	
	4 点	
	5 点	
直线度	第一条线	
	第二条线	
直线度误差		
平面度误差		
量具		
测量者		日期	

五、实训参考

直线度、平面度误差的测量(形状公差)方法见实训表 5-2。

实训表 5-2　直线度、平面度误差的测量方法

序号	简图	检验项目	允许误差/mm	检验工具	检验方法
1	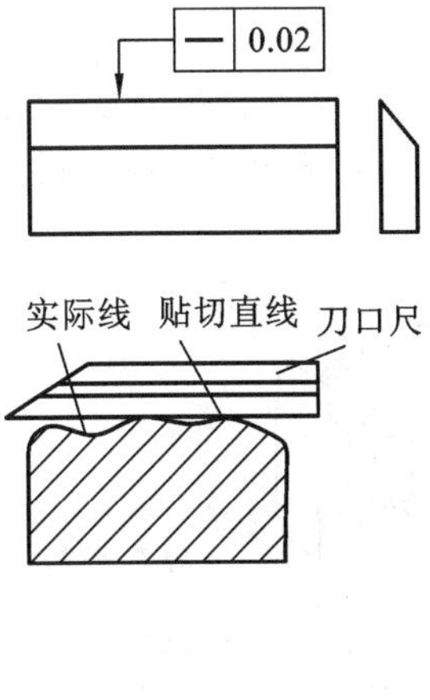	贴切法测量直线度误差(贴切法采用将被测要素与理想要素进行对比的原理来测量)	0.02	刀口尺、塞尺、测量平板	用刀口尺测量,测量时把刀口作为理想要素,将其与被测表面贴切,使两者之间的最大间隙为最小,此最大间隙就是被测要素的直线度误差。当光隙较小时,可按标准光隙估读间隙大小,光隙较大时(>20 μm),则用塞尺测量。光隙的大小借助光线通过狭缝时所呈现的各种不同颜色的光来鉴别

续表

序号	简图	检验项目	允许误差/mm	检验工具	检验方法
2	被测平面	测量平面度误差（打表法）	0.1	测量平板、百分表、表架、可调支撑、固定支撑	将被测零件支承在测量平板上，将被测平面上两对角线的角点分别调成等高，或将最远的三点调成与平板等高。按一定布点测量被测表面。百分表上最大与最小读数之差即为该平面的平面度误差近似值

>>> 知识点 3.4　位置公差及检测

3.4.1　基本概念

1. 定向误差

定向误差是指实际被测要素相对于具有确定方向的理想要素的变动量，该理想要素的方向由基准及理论正确角度确定。

定向误差值用定向最小包容区域（简称定向最小区域）的宽度或直径表示。定向最小区域是指按公差带要求的方向来包容被测实际要素时，具有最小宽度 f 或直径 ϕf 的包容区域，它的形状与公差带一致，宽度或直径由被测实际要素本身决定。

图 3-11（a）所示为评定被测实际平面对基准平面的平行度误差，理想要素首先要平行于基准平面，然后按理想要素的方向来包容实际要素，按此形成定向最小区域。定向最小区域的宽度 f 即为被测平面对基准平面的平行度误差。

图 3-11（b）所示为关联被测实际轴线对基准平面的垂直度误差。包容实际轴线的定向最小区域为一圆柱体，该圆柱体的轴心线为垂直于基准平面的理想轴心线，圆柱体的直径 ϕf 为实际轴线对基准平面的垂直度误差值。

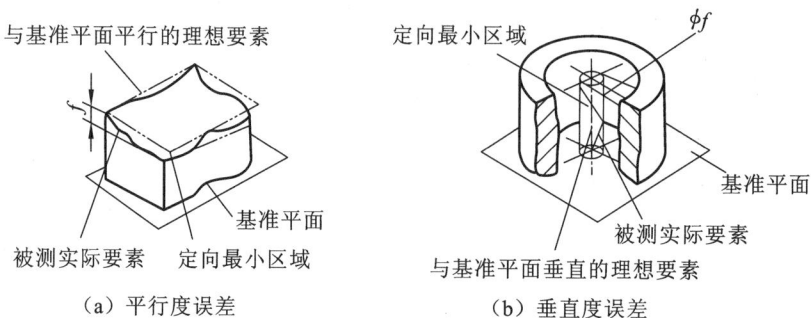

（a）平行度误差　　　　（b）垂直度误差

图 3-11　定向最小区域

2. 定位误差

定位误差是指被测实际要素相对于具有确定位置的理想要素的变动量。理想要素的位置由基准及理论正确尺寸确定。

定位误差值用定位最小包容区域（简称定位最小区域）的宽度或直径表示。定位最小区域是指按要求的位置来包容被测要素时，具有最小宽度 f 或直径 ϕf 的包容区域，它的形状与公差带一致，宽度或直径由被测实际要素本身决定。

图 3-12 所示为由基准和理论正确尺寸所确定的理想点的位置。在理想点已确定的条件下，使被测实际点对其最大变动为最小，即以最小包容区域（一个圆）来包容实际要素。定位最小区域的直径 ϕf 即为该点的位置度误差值。

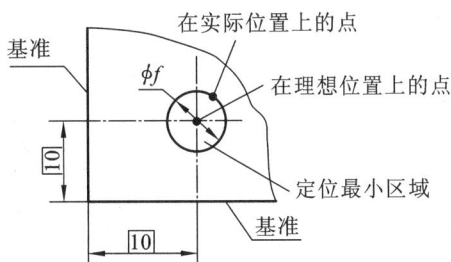

图 3-12　定位最小区域

3. 位置误差与位置公差

位置误差是指关联实际被测要素相对于其理想要素的变动量。位置公差是指关联实际被测要素的位置相对于基准所允许的变动全量。

3.4.2　基准

1. 基准的建立

基准是具有正确形状的理想要素，是确定被测要素方向或位置的依据，在规定位置公差时，一般都要注出基准。实际应用时，基准由实际基准要素来确定。

由于实际基准要素存在形位误差，因此由实际基准要素建立理想基准要素（基准）时，应先对实际基准要素作最小包容区域，然后确定基准。

图样上标出的基准可归纳为三种，即单一基准、组合基准、基准体系。

1）单一基准

由单个要素构成、单独作为某被测要素的基准，这种基准称为单一基准。

当由实际轴线建立基准轴线时，基准轴线为穿过基准实际轴线且符合最小条件的理想轴线，见图 3-13（a）。

当由实际表面建立基准平面时，基准平面为处于材料之外并与基准实际表面接触、符合最小条件的理想平面，见图 3-13（c）。

2）组合基准（公共基准）

由两个或两个以上要素构成（理想情况下这些要素共线或共面），起单一基准作用的基准称为组合基准，如图 3-13（b）所示。

3）基准体系（三基面体系）

当单一基准或组合基准不能对关联要素提供完整的走向或定位时，就有必要采用基准体系。基准体系即三基面体系，它由三个互相垂直的基准平面构成。由实际表面所建立的三基面体系如图 3-13（d）所示。

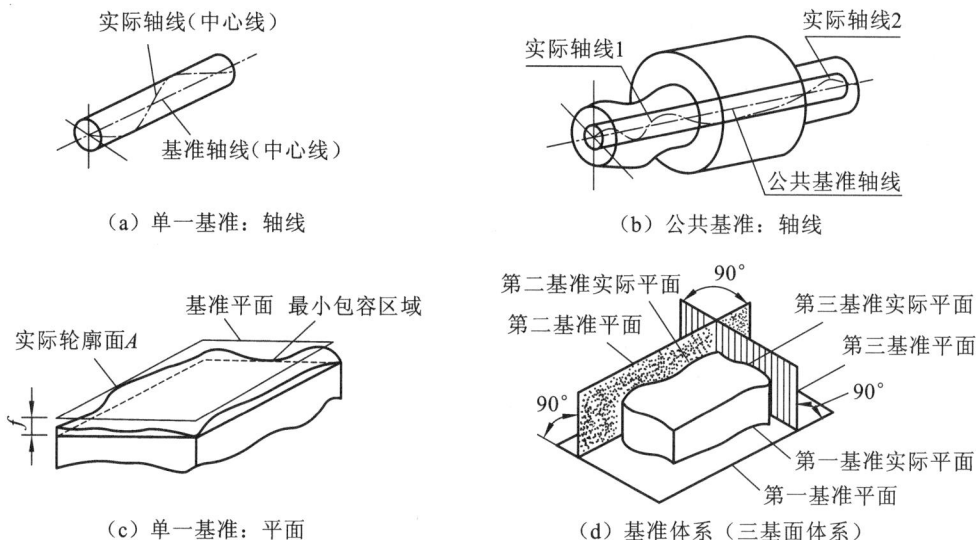

（a）单一基准：轴线　　　　　　　　　　（b）公共基准：轴线

（c）单一基准：平面　　　　　　　　（d）基准体系（三基面体系）

图 3-13　基准和基准体系

应用三基面体系时，设计者在图样上标注基准应特别注意基准的顺序，在加工或检验时，不得随意更换这些基准的顺序。填在框格第三格的称为第一基准，其后依次为第二、第三基准。基准顺序之所以重要，是因为实际基准要素自身存在形状误差，实际基准要素之间存在方向误差，改变基准顺序可能造成零件加工工艺（包括工装）的改变，也会影响零件的功能。

4）任选基准

任选基准是指有相对位置要求的两要素中，基准可以任意选定。它主要用于两要素的形状、尺寸和技术要求完全相同的零件，或在设计要求中，各要素之间的基准有可以互换的条件，从而使零件无论是上下颠倒装配还是正反颠倒装配都能满足互换性要求。

2. 基准的体现

建立基准的基本原则是基准应符合最小条件，但在实际应用中，允许在测量时用近似方法体现。基准的常用体现方法有模拟法和直接法。

1）模拟法

通常采用具有足够形位精度的表面来体现基准平面和基准轴线。用平板表面体现基准平面，见图 3-14；用心轴表面体现基准轴线，见图 3-15；用 V 形块表面体现基准轴线，见图 3-16。

2）直接法

当基准实际要素具有足够形状精度时，可直接作为基准。若在平板上测量零件，可将平板作为直接基准。

另外，基准的体现方法还有分析法和目标法，此处不再赘述。

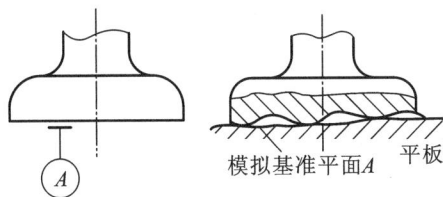

图 3-14　用平板表面体现基准平面

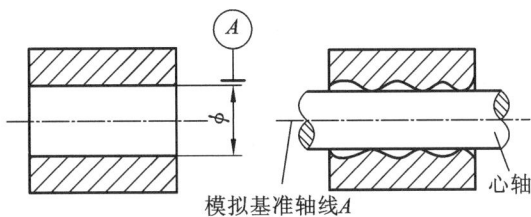

图 3-15　用心轴表面体现基准轴线

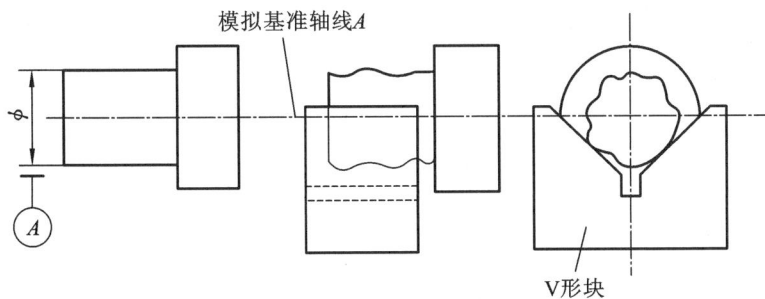

图 3-16　用 V 形块表面体现基准轴线

3.4.3　定向公差

　　定向公差有平行度、垂直度和倾斜度三个项目。根据被测要素和基准要素为直线或平面的不同,定向公差可分为以下四种形式:线对线,被测要素及基准要素均为线;线对面,被测要素为线,基准要素为面;面对线,被测要素为面,基准要素为线;面对面,被测要素及基准要素均为面。

　　定向公差带有如下特点:相对于基准有方向要求(平行、垂直或倾斜至理论正确角度);在满足方向要求的前提下,公差带的位置可浮动;能综合控制被测要素的形状误差,即若被测要素的定向误差 f 不超过定向公差 t,则其自身的形状公差也不超过 t,因此,当给出某一被测要素的定向公差后,通常不再给出该要素的形状公差。如果在功能上需要对形状精度作进一步要求,则可同时给出形状公差,当然,形状公差值一定小于定向公差值。

　　定向公差项目的意义和说明见表 3-4。

表 3-4　定向公差项目的意义和说明

项目	图样示例	意义	读图说明
平行度		上表面必须位于距离为公差值 0.05 mm,且平行于基准平面 A 的两平行平面之间	单一基准;"面对面";公差带有确定的形状、大小和方向,位置随实际零件上、下表面间的尺寸移动。 读法:上表面对基准平面 A 的平行度公差为 0.05 mm

项 目	图样示例	意 义	读图说明
平行度		ϕD 的轴线必须位于正截面为公差值 0.1 mm×0.2 mm 且平行于基准轴线 C 的四棱柱内	单一基准;"线对线";指引线箭头须标明公差带的宽度方向,被测要素是中心要素,又需两个框格,因而有一空白尺寸线。 读法:ϕD 轴线对基准轴线中心距方向的平行度公差为 0.1 mm,垂直于中心距方向的平行度公差为 0.2 mm
垂直度		左端面必须位于距离为公差值 0.05 mm,且垂直于基准轴线 A 的两平行平面之间	单一基准;"面对线";公差带有确定的形状、大小和方向。 读法:左端面对 ϕd 轴线的垂直度公差为 0.05 mm
倾斜度		斜表面必须位于距离为公差值 0.05 mm,且与基准轴线 A 成 60°角的两平行平面之间	用理论正确角度对公差带的方向提出了要求。 读法:斜表面对 ϕd 轴线的倾斜度公差为 0.05 mm

3.4.4 定位公差

定位公差有同轴度、对称度和位置度三个项目。定位公差带有如下特点:相对于基准有位置要求,方向要求包含在位置要求之中;能综合控制被测要素的方向和形状误差,当给出某一被测要素的定位公差后,通常不再给出该要素的定向公差和形状公差。如果在功能上对方向和形状有进一步要求,则可同时给出定向公差和形状公差。

定位公差项目的意义和说明见表 3-5。

表 3-5　定位公差项目的意义和说明

项目	图样示例	意义	读图说明
同轴度		ϕd 圆柱面的轴线必须位于直径为公差值 0.05 mm，且与公共基准轴线同轴的圆柱面内	组合基准；公差带有确定的形状、大小、位置，位置要求中包含了方向要求。 读法：ϕd 圆柱面的轴线对公共基准轴线 A—B 的同轴度公差为 0.05 mm
对称度		槽的中心面必须位于距离为公差值 0.1 mm，且相对基准中心平面 A 对称配置的两平行平面之间	单一基准；公差带有确定的形状、大小、位置，位置要求中包含了方向要求。 读法：槽的中心面对基准中心平面 A 的对称度公差为 0.1 mm
		键槽的中心面必须位于距离为公差值 0.05 mm，且相对基准轴线 B 对称配置的两平行平面之间	从"意义"中可以看出，公差带相对于零件并未完全定位，这是基准（直线）的特性所致，且不影响键槽的使用性能。公差带绕基准轴线的定位将受定位最小条件的约束，与定位最小区域一致。 读法：键槽的中心面对基准轴线 B 的对称度公差为 0.05 mm

续表

项目	图样示例	意义	读图说明
位置度		$4\times\phi D$ 的轴线必须位于直径为公差值 0.1 mm,且以相对于基准 A、B、C 所确定的理想位置为轴线的圆柱面内	基准体系,A、B、C 分别为第一、第二、第三基准;圆柱形公差带的轴线垂直于 A,到 B、C 的距离分别为各自的理论正确尺寸;"$4\times\phi D$" 置于框格上方,兼有说明被测要素个数的作用;被测要素为成组要素。读法:$4\times\phi D$ 的轴线相对于基准 A、B、C 的位置度公差为 0.1 mm

3.4.5 跳动公差

跳动公差是关联实际要素绕基准轴线旋转一周或若干周时所允许的最大跳动量。按被测要素旋转情况,跳动公差可分为圆跳动公差和全跳动公差。

1. 圆跳动公差

圆跳动公差是指被测实际要素在某种测量截面内相对于基准轴线的最大允许变动量。根据测量截面的不同,圆跳动可分为以下三类:

(1)径向圆跳动,测量截面为垂直于轴线的正截面。

(2)端面圆跳动,也称轴向圆跳动,测量截面为与基准同轴的圆柱面。

(3)斜向跳动,测量截面为素线与被测锥面的素线垂直或成一指定角度、轴线与基准轴线重合的圆锥面。

2. 全跳动公差

全跳动公差是指整个被测实际表面相对基准轴线的最大允许变动量。全跳动分为以下两类:

(1)径向全跳动,被测表面为圆柱面的全跳动称为径向全跳动。

(2)端面全跳动,被测表面为平面的全跳动称为端面全跳动。

跳动公差项目的意义和说明见表3-6,其中意义分别从测量和公差带角度给出。

3. 跳动误差

跳动误差通常简称跳动,直接从测量角度定义如下:

(1)圆跳动。被测实际要素绕基准轴线无轴向移动地回转一周时,由位置固定的指示器在给定方向上测得的最大与最小读数之差称为该测量面上的圆跳动,取各测量面上圆跳动的最大值作为被测表面的圆跳动。

(2)全跳动。被测实际要素绕基准轴线作无轴向移动的回转,同时指示器沿理想素线连续移动(或被测实际要素每回转一周,指示器沿理想素线作间断移动),由指示器在给定方向上测得的最大与最小读数之差。

表 3-6　跳动公差项目的意义和说明

项目	图样示例	意义	读图说明
圆跳动	径向圆跳动 	ϕd 圆柱面绕基准轴线作无轴向移动的回转时,在任一测量平面内的径向跳动量均不得大于公差值。 在垂直于基准轴线的任一测量平面上,截面圆必须位于半径差为公差值,且圆心在基准轴线上的两同心圆之间	指示器触头的相对运动轨迹即为截面圆,截面圆上各点到基准线的最大与最小距离之差即为径向跳动量,意义的两种表述是一致的
	端面圆跳动 	零件绕基准轴线作无轴向移动的回转时,在被测端面上任一测量直径处的轴向跳动量均不得大于公差值。 与基准轴线同轴的任一直径位置的测量圆柱面与被测表面的交线必须位于测量圆柱面沿母线方向宽度为公差值的圆柱面上	指示器触头的相对运动轨迹即为交线,交线上各点到一与基准线垂直的平面的最大与最小距离之差即为轴向跳动量
	斜向跳动 	圆锥表面绕基准轴线作无轴向移动的回转时,在任一测量圆锥面上的跳动量均不得大于公差值。 与基准轴线同轴的任一测量圆锥面与被测锥面的交线必须位于测量圆锥面沿母线方向宽度为公差值的圆锥面上	指示器触头的相对运动轨迹即为交线,交线上各点到测量圆锥锥顶的最大与最小距离之差即为跳动量

项目	图样示例	意义	读图说明
全跳动	径向全跳动 	ϕd 表面绕基准轴线作无轴向移动的连续回转，同时，指示器作平行于基准轴线的直线移动。零件在 ϕd 整个表面上的跳动量不得大于公差值。 ϕd 表面必须位于半径差为公差值，且与基准轴线同轴的两同轴圆柱面之间	指示器触头的相对运动轨迹即为 ϕd 表面（忽略轨迹的间隔），表面上各点到基准轴线的最大与最小距离之差即为跳动量
	端面全跳动 	被测端面绕基准轴线作无轴向移动的连续回转，同时，指示器作垂直于基准轴线的直线移动，零件在整个端面上的跳动量不得大于公差值。 被测端面必须位于距离为公差值，且与基准轴线垂直的两平行平面之间	指示器触头的相对运动轨迹即为被测端面（忽略轨迹的间隔），端面上各点到与基准轴线垂直的一平面的最大与最小距离之差即为跳动量

>>> 实训项目 6　V 块垂直度的测量

一、实训目的

（1）掌握角尺、塞尺的使用方法。

（2）掌握用量具测量 V 形铁 A、B 面的垂直度。

（3）掌握垂直度公差的计算方法。

二、使用量具

本次实训主要使用的量具为角尺、塞尺。

三、实训任务

测量 V 形铁 A、B 面的垂直度。

相关参数:垂直度误差取对应面的最大偏差。

四、实训报告书写(按图样绘制并填写表格)

测量图样见实训图 6-1。

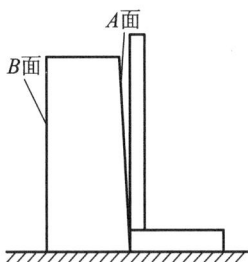

动画课件

实训图 6-1　V 形铁垂直度测量示意图

测量数据见实训表 6-1。

实训表 6-1　垂直度测量数据表

测量部位	实际偏差			
A 面左位				
A 面中位				
A 面右位				
B 面左位				
B 面中位				
B 面右位				
垂直度误差	A 面		B 面	
量具				
测量者		日期		

五、实训参考

平行度与垂直度公差的测量(定向位置公差)见实训表 6-2。

实训表 6-2　平行度与垂直度公差的测量方法

序号	简图	检验项目	允许公差	检验工具	检验方法
1		顶面对底面的平行度公差	在 100 mm 测量长度上为 0.15 mm	测量平板、百分表、表架	（1）将被测件放在测量平板上，以平板面作为模拟基准。（2）调整百分表在表架上的高度，将百分表测量头与被测面接触，使百分表指针倒转 1～2 圈，固定百分表。（3）在整个被测表面上沿规定的各测量线移动百分表表架，取百分表的最大与最小读数之差作为被测表面的平行度误差
2		侧面对底面的垂直度公差	在 100 mm 测量长度上为 0.20 mm	测量平板、精密 90°角尺、塞尺	（1）用测量平板模拟基准，将精密 90°角尺的短边置于平板上，长边靠在被测侧面上，此时长边即为理想要素。（2）用塞尺测量精密 90°角尺长边与被测侧面之间的最大间隙，测得值即为该位置的垂直度误差。（3）移动精密 90°角尺，在不同位置重复上述测量，最大误差值即为该被测面的垂直度误差

▶▶▶ 实训项目 7 孔的位置度测量

一、实训目的

(1) 掌握孔的位置度误差的测量方法。
(2) 掌握测量数据的处理及计算方法。

动画课件

二、使用量具

本次实训主要使用的量具为百分表、游标尺等。

三、实训任务

完成工件四孔的位置度测量及误差判定。相关参数如下：
(1) 孔相对 A、B 面位置度误差：

$$\delta_1 = \sqrt{(x-20)^2 + (y-20)^2}$$

(2) 孔与孔位置度误差：

$$L_i = (x_1 + x_2)/2$$
$$\delta_i = |40 - L_i|$$

四、实训报告书写（按图样绘制并填写表格）

测量图样见实训图 7-1。

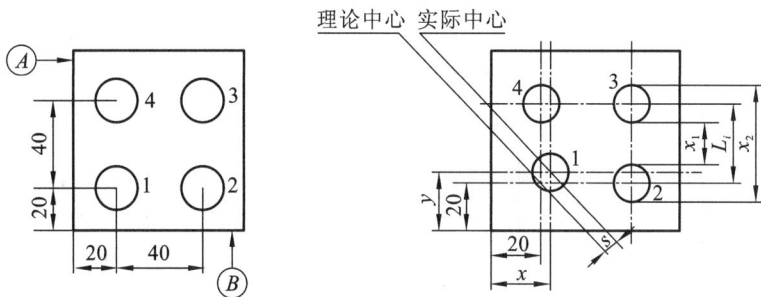

实训图 7-1 孔位置测量示意图

测量数据见实训表 7-1。

实训表 7-1 孔位置测量数据表

测量部位		实际尺寸
1孔	相对 A 面	$x =$
	相对 B 面	$y =$
1孔与2孔		$L_{1-2} =$

测量部位		实际尺寸	
2孔与3孔		$L_{2-3}=$	
3孔与4孔		$L_{3-4}=$	
4孔与1孔		$L_{4-1}=$	
检测结果	$\delta_1=$	量具	
	$\delta_{1-2}=$		
	$\delta_{2-3}=$		
	$\delta_{3-4}=$	测量者	
	$\delta_{4-1}=$	日期	

五、实训参考

位置度、同轴度误差（定位位置公差）的测量方法见实训表 7-2。

实训表 7-2　位置度、同轴度误差的测量方法

序号	简图	检验项目	检验工具	检验方法
1		变速器壳体位置度误差测量	测量平板、内径百分表、外径千分尺、高度游标尺	（1）将被测件的基准面 B 放在测量平板上。 （2）按孔径基本尺寸选好测量头，装在内径百分表上，用外径千分尺对零位，测出孔径 $D_实$。 （3）用高度游标尺测出孔壁到基准面 A 的距离 L_a。 （4）将被测件的基准面放在测量平板上，用高度游标尺测出孔壁到基准面 B 的距离 L_b。 （5）将 L_a、L_b 分别加上实际孔的半径，求出孔中心到基准面 A、B 的距离 $X_实$、$Y_实$。 （6）将实测值与相应的理论正确尺寸比较，得出偏差 f_x、f_y，则孔的位置度误差 $f=2\sqrt{f_x^2+f_y^2}$。 （7）当实测值小于给定公差值时，评定该项目合格

续表

序号	简图	检验项目	检验工具	检验方法
2		同轴度误差测量	测量平板、心轴、可调支撑、固定支撑、百分表、杠杆百分表	（1）用心轴分别模拟基准孔与被测孔的轴心线，将被测件的 A 面置于 3 个可调支撑上。 （2）将基准孔的模拟心轴调整到与平板平行，记下此时的读数，则该点至平板的距离为 $L+\phi D_2/2$。 （3）用百分表在靠近被测孔模拟心轴的两端 A、B 两点处分别测出最高点读数，并计算与高度 $L+\phi D_2/2$ 的差值 f_{AX}、f_{BX}。 （4）将被测件翻转 90°，用上述方法测出 f_{AY}、f_{BY}。 （5）计算被测孔两端的同轴度误差。 A 点处的同轴度误差 $f_A=2\sqrt{f_{AX}^2+f_{AY}^2}$ B 点处的同轴度误差 $f_B=2\sqrt{f_{BX}^2+f_{BY}^2}$ 取其中较大者作为该孔的同轴度误差。 （6）当实测值小于给定公差值时，该项目评定合格

》》》 实训项目 8 轴的径向跳动及端面跳动测量

一、实训目的

（1）掌握百分表的使用方法。
（2）掌握轴的径向圆跳动、端面圆跳动的测量方法。
（3）掌握轴的径向圆跳动、端面圆跳动的误差计算方法。

动画课件

二、使用量具

本次实训主要使用的量具为百分表。

三、实训任务

完成工件轴的径向圆跳动、端面圆跳动测量及误差判定。相关参数如下：

截面圆误差＝|最大偏差/2|

轴的圆度误差＝最大截面圆误差

端面圆跳动误差＝|最大偏差值|

径向圆跳动误差＝|最大偏差值|

四、实训报告书写（按图样绘制并填写表格）

测量图样见实训图 8-1。

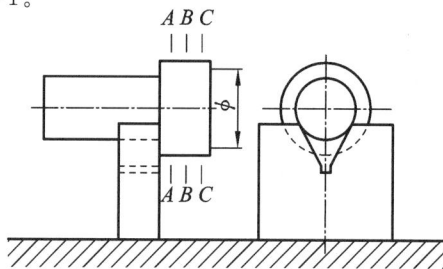

实训图 8-1 轴的径向圆跳动、端面圆跳动测量示意图

测量数据见实训表 8-1。

实训表 8-1 轴的径向圆跳动、端面圆跳动测量数据表

测量部位			实际偏差						误差
径向圆跳动	A—A′	1		3		5			
		2		4		6			
	B—B′	1		3		5			
		2		4		6			
	C—C′	1		3		5			
		2		4		6			
端面圆跳动		1		3		5			
		2		4		6			
径向圆跳动误差									
轴的圆度误差									
量具			测量者				日期		

五、实训参考

圆跳动、全跳动（跳动位置公差）的测量方法见实训表 8-2。

实训表 8-2　圆跳动、全跳动的测量方法

序号	简图	检验项目	允许误差	检验工具	检验方法
1	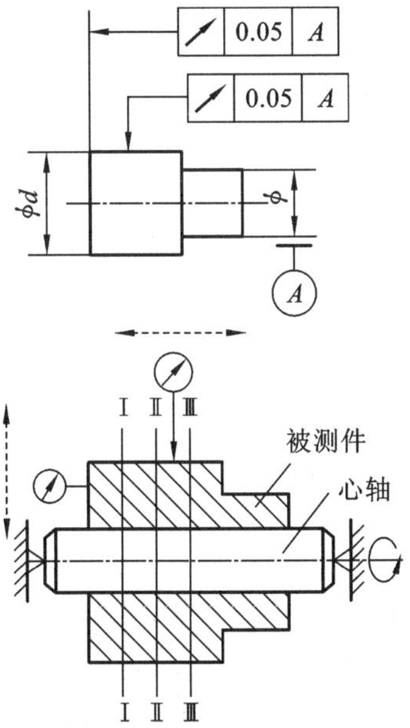	圆跳动（径向圆跳动、端面圆跳动）的测量	径向圆跳动、端面圆跳动允许误差均为 0.05 mm	心轴、指示表	被测件绕基准轴线作无轴向移动的旋转,在回转一周过程中,指示表的最大和最小读数之差即为该测量截面上的径向圆跳动或测量圆柱面上的端面圆跳动。 （1）分别将在圆柱各截面（如 Ⅰ—Ⅰ、Ⅱ—Ⅱ…）上测出的跳动量中的最大值作为径向圆跳动; （2）分别将在端面各直径上测出的跳动量中的最大值作为端面圆跳动
2	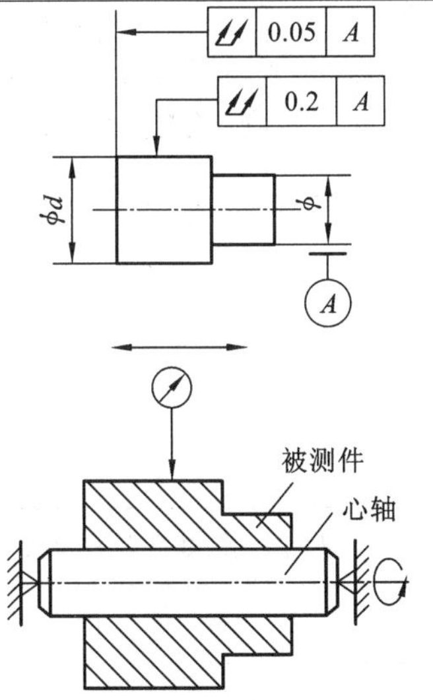 （a）径向全跳动 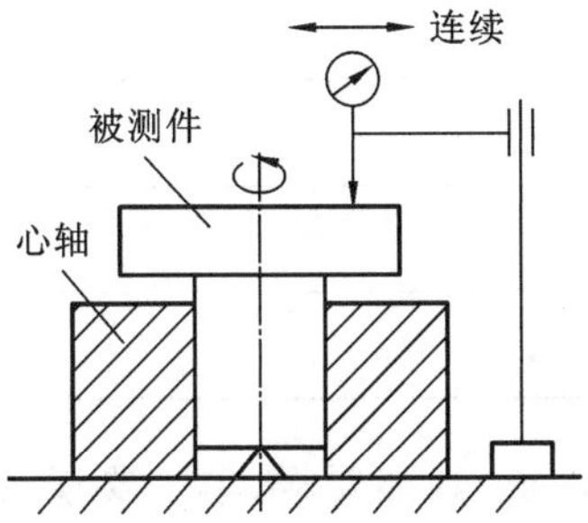 （b）端面全跳动	全跳动（径向全跳动、端面全跳动）的测量	径向全跳动允许误差为 0.2 mm;端面全跳动允许误差为 0.05 mm	心轴、指示表	（1）被测件在绕基准轴线作无轴向移动的连续回转过程中,指示表缓慢地沿基准轴线方向平移,测量整个圆柱面,则最大读数差为径向全跳动,如图(a)所示。 （2）指示表沿着与基准轴线的垂直方向缓慢移动时,测量整个端面,则最大读数差为端面全跳动,如图(b)所示

练习题

3-1　判断题。

基准要素为中心要素时,基准符号应该与该要素的轮廓要素尺寸线错开。

3-2　填空题。

(1) 形位公差带有＿＿＿＿等 4 个要素。

(2) 直线度公差带的形状有＿＿＿＿等几种形状,具有这几种形状的位置公差项目有

＿＿＿＿＿＿。

(3) 既能控制中心要素,又能控制轮廓要素的形位公差项目符号有＿＿＿＿。

3-3　如图所示,说明图中各项形位公差标注的含义,并填于表中。

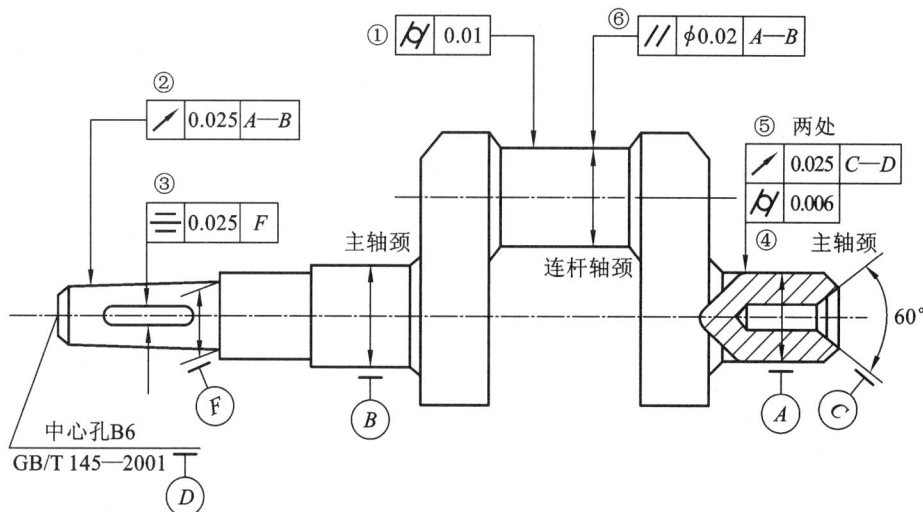

题 3-3 图

题 3-3 表

序号	公差项目名称	公差带形状	公差带大小	解释(被测要素、基准要素及要求)
①				
②				
③				
④				
⑤				
⑥				

3-4　解释图中 a、b、c、d 分别属于什么要素(被测要素、基准要素、单一要素、关联要素、轮廓要素和中心要素)。

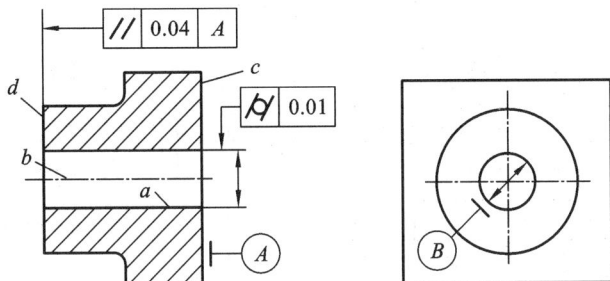

题 3-4 图

3-5　将下列各项形位公差要求标注在图中。

（1）$\phi 40_{-0.03}^{0}$ 圆柱面对 $2\times\phi 25_{-0.021}^{0}$ 公共轴线的圆跳动公差为 0.015 mm；

（2）$2\times\phi 25_{-0.021}^{0}$ 轴颈的圆度公差为 0.01 mm；

（3）$\phi 40_{-0.03}^{0}$ 左、右端面对 $2\times\phi 25_{-0.021}^{0}$ 公共轴线的端面圆跳动公差为 0.02 mm；

（4）键槽 $10_{-0.036}^{0}$ 中心平面对 $\phi 40_{-0.03}^{0}$ 轴线的对称度公差为 0.015 mm。

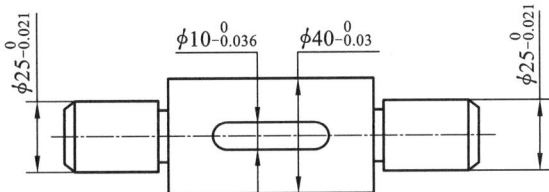

题 3-5 图

3-6　将下列各项形位公差要求标注在图中。

（1）$\phi 5_{-0.03}^{+0.05}$ 孔的圆度公差为 0.004 mm，圆柱度公差为 0.006 mm；

（2）B 面的平面度公差为 0.008 mm，B 面对 $\phi 5_{-0.03}^{+0.05}$ 孔轴线的端面圆跳动公差为 0.02 mm，B 面对 C 面的平行度公差为 0.03 mm；

（3）平面 F 对 $\phi 5_{-0.03}^{+0.05}$ 孔轴线的端面圆跳动公差为 0.02 mm；

（4）$\phi 18_{-0.10}^{-0.05}$ 的外圆柱面轴线对 $\phi 5_{-0.03}^{+0.05}$ 孔轴线的同轴度公差为 0.08 mm；

（5）$90°30''$ 密封锥面 G 的圆度公差为 0.0025 mm，G 面的轴线对孔轴线的同轴度公差为 0.012 mm；

（6）$\phi 12_{-0.26}^{-0.15}$ 外圆柱面轴线对 $\phi 5_{-0.03}^{+0.05}$ 孔轴线的同轴度公差为 0.08 mm。

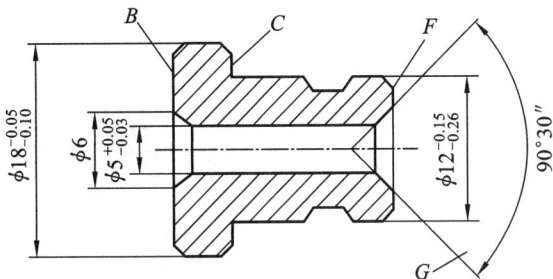

题 3-6 图

3-7　改正图中形位公差标注的错误(不改变形位公差项目)。

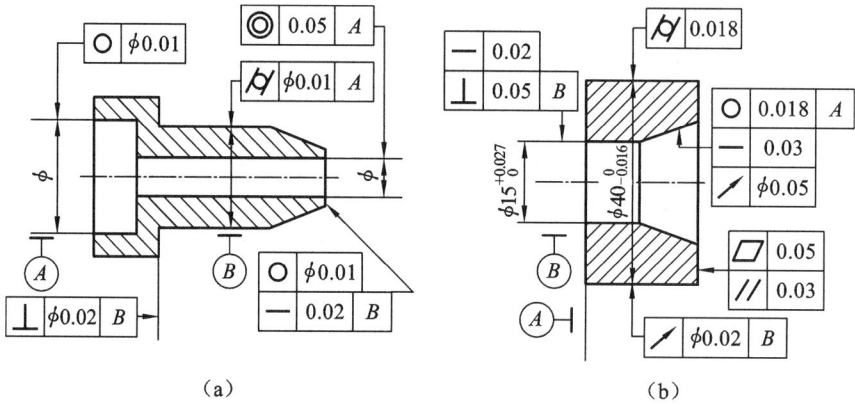

（a）　　　　　　　　　　　（b）

题 3-7 图

表面粗糙度及检测

1. 了解表面粗糙度的测量原理及方法。
2. 熟悉样板比较法测量表面粗糙度的原理和方法。

思政目标

粗糙度测量对精确度要求极高且需要测量者拥有细致入微的观察能力,这与学生应具备的工匠精神相契合。引入工匠精神,介绍"6S"管理和安全教育。

学习重难点

重点:表面粗糙度的标注。

难点:表面粗糙度的评定参数的理解与区分。

教学及实训准备

教具:课本、实训报告册、绘图工具包。

教学场地:多媒体教室、测量教室(具备粗糙度比较样块)。

》》》 知识点 4.1 表面粗糙度的概念及其影响

4.1.1 表面粗糙度的概念

机械加工所形成的零件表面一般呈非理想状态,按照从微观到宏观的认识顺序,其表面特征可分为表面粗糙度、波纹度、形状误差,如图 4-1 所示。

1. 表面粗糙度

表面粗糙度是零件表面所具有的微小峰谷的不平程度,其波长和波高之比一般小于 50。

2. 波纹度

零件表面峰谷的波长和波高之比等于 50～1000 的不平程度称为波纹度。

3. 形状误差

零件表面峰谷的波长和波高之比大于 1000 的不平程度属于形状误差。

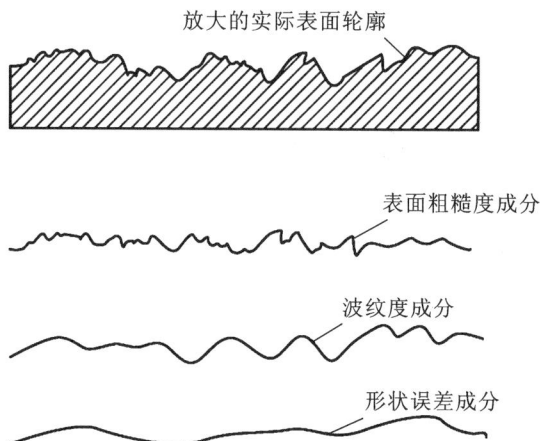

图 4-1 粗糙度的概念

表面粗糙度的形成原因主要有加工过程中在工件表面留下的刀痕、工件表层的塑性变形、刀具与零件表面之间的摩擦、切削残留物、工艺系统的高频振动等。

4.1.2 表面粗糙度对零件使用性能的影响

表面粗糙度对零件的使用性能和寿命都有很大的影响,尤其是对在高温、高压和高速条件下工作的零件影响更大,其影响主要表现在以下几个方面。

(1) 对摩擦和磨损的影响:具有微观几何形状误差的两个表面只能在轮廓的峰顶发生接触,从而使磨损加剧。

(2) 对配合性能的影响:对于间隙配合,相对运动的表面因粗糙不平而迅速磨损,致使间隙增大;对于过盈配合,表面轮廓峰顶在装配时容易被挤平,使实际有效过盈量减小,致使连接强度降低。

(3) 对抗腐蚀性的影响:粗糙的表面,易使腐蚀性物质存积在表面的微观凹谷处,并渗入金属内部,致使腐蚀加剧。

(4) 对疲劳强度的影响:零件表面越粗糙,凹痕就越深,当零件承受交变载荷时,对应力集中很敏感,易导致零件表面产生裂纹而损坏。

(5) 对接触刚度的影响:表面越粗糙,零件表面受力后局部变形越大,接触刚度也就越低,接触刚度影响零件的工作精度和抗振性。

(6) 对结合面密封性的影响:粗糙的表面结合时,两表面只在局部点上接触,中间有缝隙,影响密封性。因此,降低表面粗糙度,可提高其密封性。

(7) 对零件其他性能的影响:表面粗糙度对零件其他性能,如测量精度、流体流动的阻力及零件外形的美观等,都有很大的影响。

知识点 4.2　表面粗糙度的评定

4.2.1　主要术语及定义

1. 取样长度 lr

为了降低表面波纹度及形状误差的影响,国家标准规定了取样长度 lr。lr 是测量或评定表面粗糙度时所规定的一段基准线长度,它至少包含 5 个以上的轮廓的波峰和波谷,取样长度的方向与轮廓总的走向一致。国家标准规定的取样长度 lr 见表 4-1。由表 4-1 可见,表面越粗糙,取样长度越大,因为表面越粗糙,波距也越大,较大的取样长度才能反映一定数量的微量高低不平的痕迹。

表 4-1　取样长度与评定长度的数值(摘自 GB/T 1031—2009)

$Ra/\mu m$	$Rz/\mu m$	lr/mm	ln/mm
≥0.008~0.02	≥0.025~0.10	0.08	0.4
>0.02~0.1	>0.10~0.50	0.25	1.25
>0.1~2.0	>0.50~10.0	0.8	4.0
>2.0~10.0	>10.0~50.0	2.5	12.5
>10.0~80.0	>50.0~320	8.0	40.0

2. 评定长度 ln

评定长度 ln 是指测量和评定粗糙度时所规定的一段最小长度。评定长度包括一个或几个取样长度,由于零件表面各部分的表面粗糙情况不同,一个取样长度往往不能合理地反映某一表面粗糙度特征,故需在表面上取几个取样长度来评定表面粗糙度(见图 4-2)。一般情况下,取 $ln=5lr$。如被测表面均匀性较好,则可选用小于 $5lr$ 的评定长度;若均匀性较差,则可选用大于 $5lr$ 的评定长度。

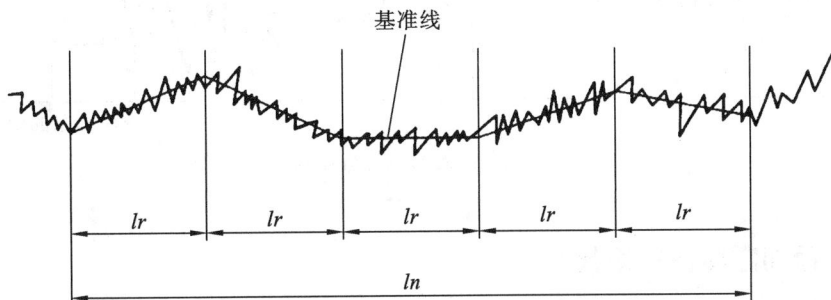

图 4-2　取样长度及评定长度

3. 基准线

评定表面粗糙度参数值大小的一条参考线。基准线有下列两种：轮廓算术平均中线、轮廓最小二乘中线。

（1）轮廓算术平均中线。在取样长度 lr 内将实际轮廓划分为上下两部分，且使上部分所围面积之和与下部分所围面积之和相等的基准线，就是轮廓的算术平均中线，如图 4-3 所示。即

$$\sum_{i=1}^{n}F_i=\sum_{i=1}^{n}F'_i$$

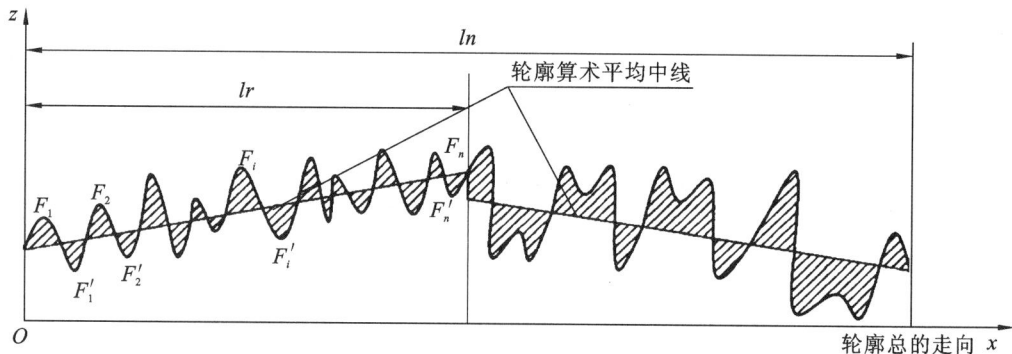

图 4-3　轮廓算术平均中线

（2）轮廓最小二乘中线（简称中线）。在取样长度 lr 内，使轮廓线上各点至一条基准线的距离的平方和为最小，此基准线就是轮廓的最小二乘中线，如图 4-4 所示。即

$$\int_0^l y^2\mathrm{d}x=\min$$

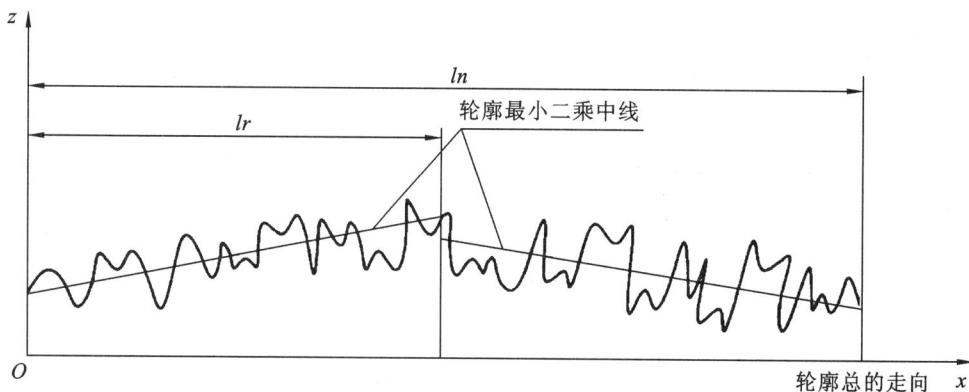

图 4-4　轮廓最小二乘中线

4.2.2　表面粗糙度评定参数

1. 基本参数——轮廓的幅度参数

（1）轮廓算术平均偏差 Ra。轮廓算术平均偏差是指在一个取样长度内，轮廓偏距

$Z(x)$ 绝对值的算术平均值,用 Ra 表示,如图 4-5 所示。用公式表示为

$$Ra = \frac{1}{lr} \int_0^{lr} |Z(x)| \, dx$$

或近似表示为

$$Ra = \frac{1}{n} \sum_{i=1}^{n} |Z_i|$$

Ra 越大则表面越粗糙,但不宜用来评定过于粗糙或过于光滑的表面。

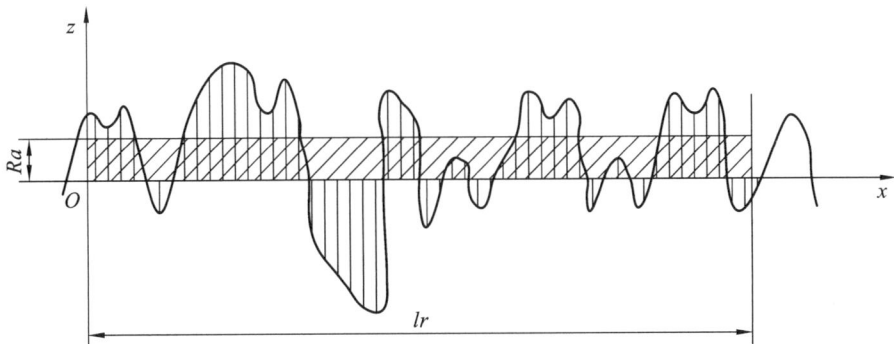

图 4-5　轮廓算术平均偏差

（2）轮廓最大高度。轮廓最大高度 Rz 是指在一个取样长度 lr 内,轮廓峰顶线和轮廓谷底线之间的距离,如图 4-6 所示,峰高及谷深分别用 Zp 和 Zv 表示,即

$$Rz = Zp + Zv$$

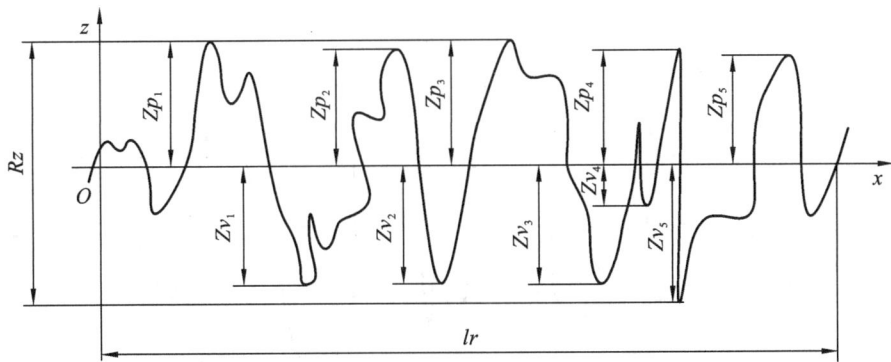

图 4-6　轮廓最大高度

2. 附加参数

1）轮廓单元的平均宽度 Rsm

轮廓单元是轮廓峰和轮廓谷的组合。轮廓单元的平均宽度 Rsm 是指在一个取样长度 lr 内轮廓单元宽度 Xs 的平均值,如图 4-7 所示。Rsm 用公式可表示为

$$Rsm = \frac{1}{m} \sum_{i=1}^{m} Xs_i$$

Rsm 是评定轮廓的间距参数,其值越小,表示轮廓表面越细密,密封性越好。

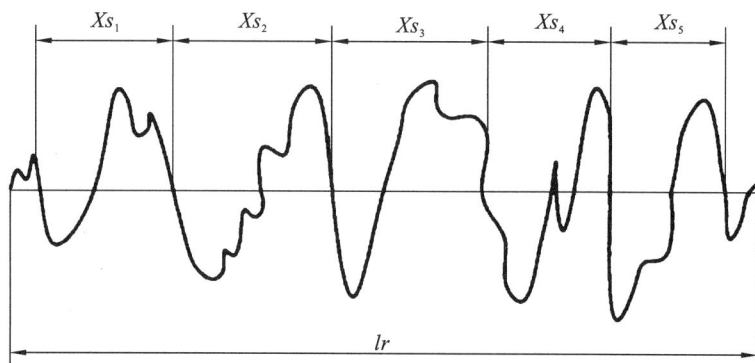

图 4-7 轮廓单元宽度

2)轮廓的支承长度率

轮廓的支承长度率 $Rmr(c)$ 是指在给定水平位置 c 上轮廓的实体材料长度 $Ml(c)$ 与评定长度的比率,用公式表示为

$$Rmr(c) = \frac{Ml(c)}{ln}$$

轮廓的实体材料长度 $Ml(c)$ 是指在评定长度内,一平行于 X 轴的直线从峰顶线向下移一水平截距 c 时,与轮廓相截所得的各段截线长度之和,如图 4-8 所示。用公式表示为

$$Ml(c) = \sum_{i=1}^{n} b_i$$

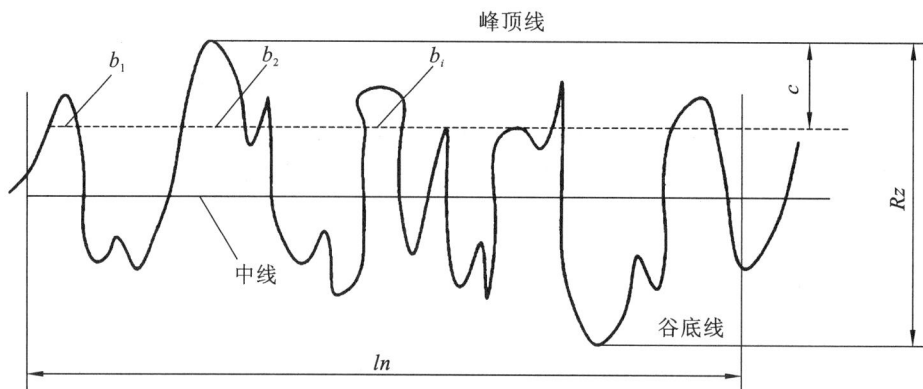

图 4-8 轮廓的支承长度率

轮廓的水平截距 c 可用微米或其占轮廓最大高度 Rz 的百分比表示。$Rmr(c)$ 是表面耐磨性的度量指标。一般情况下,$Rmr(c)$ 值越大,支撑能力及耐磨性越好。

》》》 知识点 4.3　表面粗糙度的参数选择和图样标注

表面粗糙度选择包括参数选择和参数值的选择。选择时,既要满足零件表面的功能要求,又要考虑经济性。

4.3.1　评定参数的选择

1. 高度评定参数的选择

一般情况下,可从高度参数中任选一个,但在常用值范围内(Ra 为 $0.025\sim6.3\ \mu m$,Rz 为 $0.1\sim25\ \mu m$),应优先选用 Ra,因为 Ra 能较充分合理地反映零件表面的粗糙度特征。Ra 值通常用电动轮廓仪测量,测量效率高。

对于特别粗糙或特别光滑的表面,考虑工作和检测条件,可以选用 Ra 或 Rz(Ra 与 Rz 不能同时选用)。

Rz 通常用双管显微镜和干涉显微镜测量,由于它只反映峰顶和谷底的几个点,反映出的信息不够全面,且测量效率较低。

Rz 常用于不允许有较深加工痕迹,如承受交变应力的表面作为评定参数。

2. 附加评定参数的选择

附加评定参数一般情况下不作为独立的参数选用,只有在零件的表面有特殊使用要求,仅用高度特征参数不能满足零件表面的功能要求时,才在选用了高度参数的基础上,附加选用间距特征参数和形状特征参数。一般情况下,对密封性、光亮度有特殊要求的表面,应选用附加参数 Rsm;对耐磨性有特殊要求的表面,应选用附加参数 $Rmr(c)$。

4.3.2　评定参数值的选择

根据类比法初步确定表面粗糙度后,还须根据工作条件做适当调整,调整时应遵循下述原则。

(1)在满足功能要求的前提下,尽量选用较大的表面粗糙度参数值,以降低加工成本。

(2)在同一零件上,工作表面的粗糙度参数值应小于非工作表面的粗糙度参数值。

(3)摩擦表面比非摩擦表面的粗糙度参数值要小,滚动摩擦表面比滑动摩擦表面的粗糙度参数值要小。

(4)运动速度高、单位面积压力大的表面,以及受交变应力作用的重要零件上的圆角、沟槽的表面粗糙度参数值都应小些。

(5)配合零件的表面粗糙度应与尺寸及形状公差相协调,一般尺寸与形状公差要求越严,粗糙度值也就越小。

(6)配合精度要求高的配合表面(如小间隙配合的配合表面),受重载荷作用的过盈配合表面的粗糙度参数值也应小些。

（7）同一公差等级的零件，小尺寸比大尺寸、轴比孔的粗糙度参数值要小。

（8）凡有关标准已对表面粗糙度要求做出规定的，如与滚动轴承配合的轴颈和外壳孔的表面等，应按相应的标准确定表面粗糙度参数值。

表 4-2 列出了表面粗糙度的表面微观特征、加工方法及应用举例，表 4-3 列出了轴和孔的表面粗糙度参数推荐值，供选用时参考。

表 4-2　表面粗糙度的表面微观特征、加工方法及应用举例

类别	表面微观特征	$Ra/\mu m$	加工方法	应用举例
粗糙表面	微见刀痕	≤12.5	粗车、粗刨、粗铣、钻、毛锉、锯断	半成品粗加工过的表面，非配合的加工表面，如轴端面、倒角、钻孔、齿轮及皮带轮侧面、键槽底面、垫圈接触面
半光表面	可见加工痕迹	≤6.3	车、刨、铣、镗、钻、粗铰	轴上不安装轴承、齿轮处的非配合表面，紧固件的自由装配表面，轴和孔的退刀槽
	微见加工痕迹	≤3.2	车、刨、铣、镗、磨、拉、粗刮、滚压	半精加工表面，箱体、支架、盖面、套筒等和其他零件结合而无配合要求的表面等
	看不清加工痕迹	≤1.6	车、刨、铣、镗、磨、拉、刮、压、铣齿	接近于精加工表面，箱体上安装轴承的镗孔表面，齿轮的工作面
光表面	可辨加工痕迹方向	≤0.8	车、镗、磨、拉、刮、精铰、磨齿、滚压	圆柱销、圆锥销，与滚动轴承配合的表面，普通车床导轨面，内、外花键定心表面等
	微辨加工痕迹方向	≤0.4	精镗、磨、精铰、滚压、刮	要求配合性质稳定的配合表面，工作时受交变应力的重要零件，较高精度车床的导轨面
	不可辨加工痕迹方向	≤0.2	精磨、磨、研磨、超精加工	精密机床主轴锥孔、顶尖圆锥面，发动机曲轴、齿轮轴工作表面，高精度齿轮齿面
极光表面	暗光泽面	≤0.1	精磨、研磨、普通抛光	精密机床主轴颈表面，一般量规工作表面，气缸内表面，活塞销表面
	亮光泽面	≤0.05	超精磨、精抛光、镜面磨削	精密机床主轴颈表面，滚动轴承的滚珠，高压油泵中柱塞和柱塞套配合的表面
	镜状光泽面	≤0.02		
	镜面	≤0.01	镜面磨削、超精研	高精度量仪、量块的工作表面，光学仪器中的金属镜面

表 4-3　轴和孔的表面粗糙度参数推荐值

经常装拆的配合表面				过盈配合的配合表面					定心精度高的配合表面			滑动轴承表面		
公差等级	表面	基本尺寸/mm ≤50	>50~500	公差等级	表面	基本尺寸/mm ≤50	>50~120	>120~500	径向跳动	轴	孔	公差等级	表面	Ra/μm
		Ra/μm	Ra/μm			Ra/μm			Ra/μm					
IT5	轴	0.2	0.4	IT5	轴	0.1~0.2	0.4	0.8	2.5	0.05	0.1	IT6 至 IT9	轴	0.4~0.8
	孔	0.4	0.8		孔	0.2~0.4	0.8	0.8	4	0.1	0.2		孔	0.8~1.6
IT6	轴	0.4	0.8	IT6 至 IT7	轴	0.4	0.8	1.6	6	0.1	0.2	IT10 至 IT12	轴	0.8~3.2
	孔	0.4~0.8	0.8~1.6		孔	0.8	1.6	1.6	10	0.2	0.4		孔	1.6~3.2
IT7	轴	0.4~0.8	0.8~1.6	IT8	轴	0.8	0.8~1.6	1.6~3.2	16	0.4	0.8	流体润滑	轴	0.1~0.4
	孔	0.5	1.6		孔	1.6	1.6~3.2	1.6~3.2	20	0.8	1.6		孔	0.2~0.8
IT8	轴	0.8	1.6	热装法	轴	1.6								—
	孔	0.8~1.6	1.6~3.2		孔	1.6~3.2								

注：过盈配合的装配按机械压入法（IT5、IT6至IT7、IT8）及热装法。

4.3.3　表面粗糙度的标注

1. 表面粗糙度基本符号

表面粗糙度是零件表面结构中的一项重要指标，国家标准对其符号及标注均做了规定，图 4-9 所示为表面结构基本符号。一般情况下，只标注出表面粗糙度高度参数代号及数值，即图中的 a、b 项，对零件表面功能有特殊要求时再加注表面特征的其他要求，如 c、d、e 项。表面粗糙度符号及含义见表 4-4。

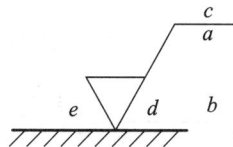

图 4-9　表面结构基本符号

a—粗糙度高度参数代号及数值（μm）；b—粗糙度高度参数代号及数值（μm）（有要求时用）；c—加工方法、表面处理、涂层或其他加工工艺要求等，如"车""磨""镀"等；d—表面纹理和方向；e—加工余量（mm）

表 4-4　表面粗糙度符号及含义

名称	符号	含义
基本图形符号		未指定工艺方法的表面,当通过一个注释时可单独使用
扩展图形符号		用去除材料方法获得的表面;仅当其含义是"被加工表面"时可单独使用
		不去除材料的表面,也可用于表示保持上道工序形成的表面,不管这种状况是通过去除材料还是不去除材料形成的
完整图形符号	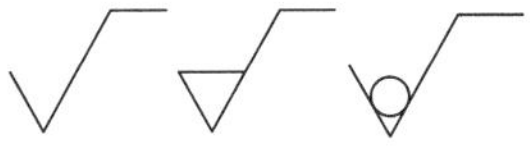	在以上各种符号的长边上加一横线,以便注写对表面结构的各种要求

2. 粗糙度在图样上的注法

粗糙度在图样上的标注及说明见表 4-5。

表 4-5　粗糙度在图样上的标注及说明

粗糙度标注示例	说　明
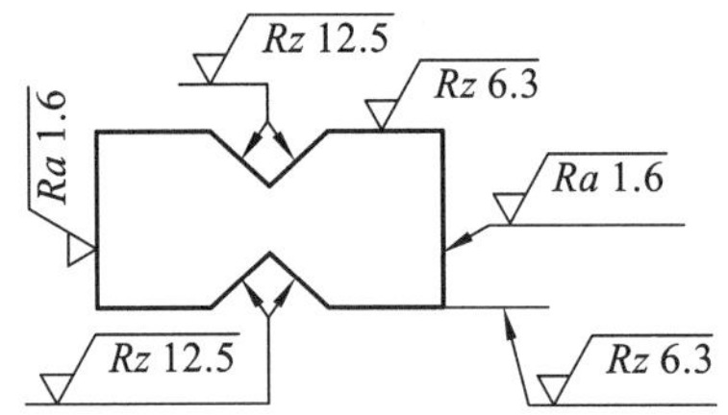	(1) 每一表面一般只标注一次,除非另有说明。 (2) 所标注的粗糙度是对完工零件表面的要求。 (3) 粗糙度标注在轮廓表面时符号要从材料外指向材料内。 (4) 注写和读取方向与尺寸的注写和读取方向一致
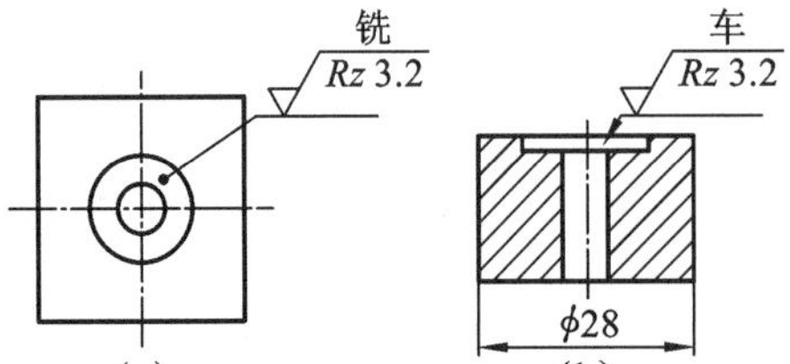	(a) 粗糙度符号可用带黑点的指引线引出标注; (b) 粗糙度符号可用带箭头的指引线引出标注

续表

粗糙度标注示例	说　明
	粗糙度可以标注在给定的尺寸线上
	粗糙度标注在形位公差框格的上方
	粗糙度标注在圆柱特征线的延长线上
 （a） （b）	大多数（包括全部）表面有相同的粗糙度要求时，粗糙度可统一标注在图样的标题栏附近。 （a）在圆括号内给出不同的表面结构要求，不同的表面结构要求应直接标注在图形中； （b）在圆括号内给出无任何其他标注的基本符号，此例表示用任意方法获得的表面粗糙度均为 $Ra3.2$

续表

粗糙度标注示例	说　　明
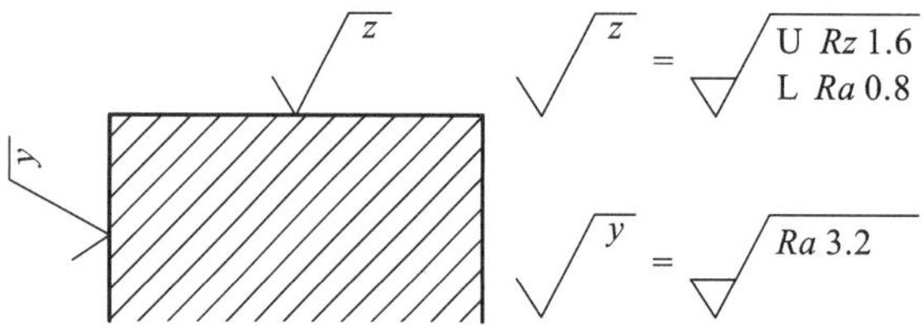	用带字母的完整符号,以等式的形式,在图形或标题栏附近,对有相同表面结构要求的表面进行简化标注。U表示粗糙度上限值,L表示粗糙度下限值(不引起歧义时,U、L可省略)
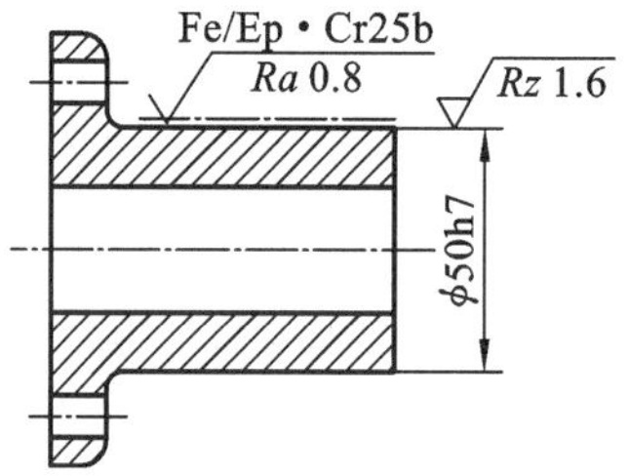	同时给出镀覆前后的粗糙度的注法。Fe表示基体材料为钢,Ep表示加工工艺为电镀
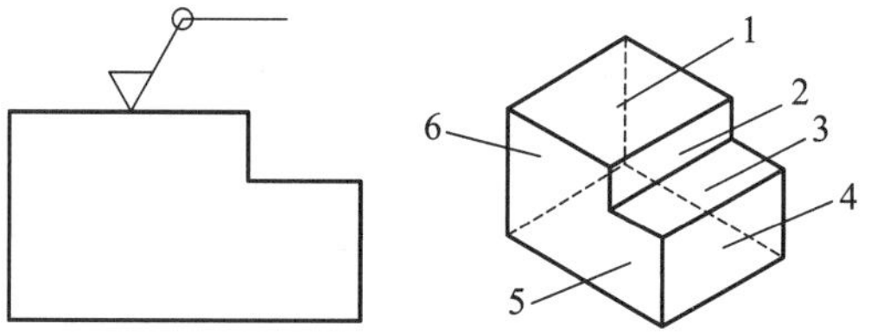	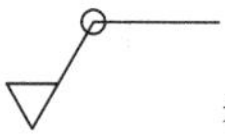 　表示各面有相同的表面结构要求

>>> 实训项目 9　轴的粗糙度测量

一、实训目的

掌握用表面粗糙度比较样块来测量粗糙度的方法。

二、使用量具

本次实训主要使用的量具为表面粗糙度比较样块。

三、实训任务

判断工件粗糙度是否达标。依据实训图 9-1 中的尺寸标注判断。

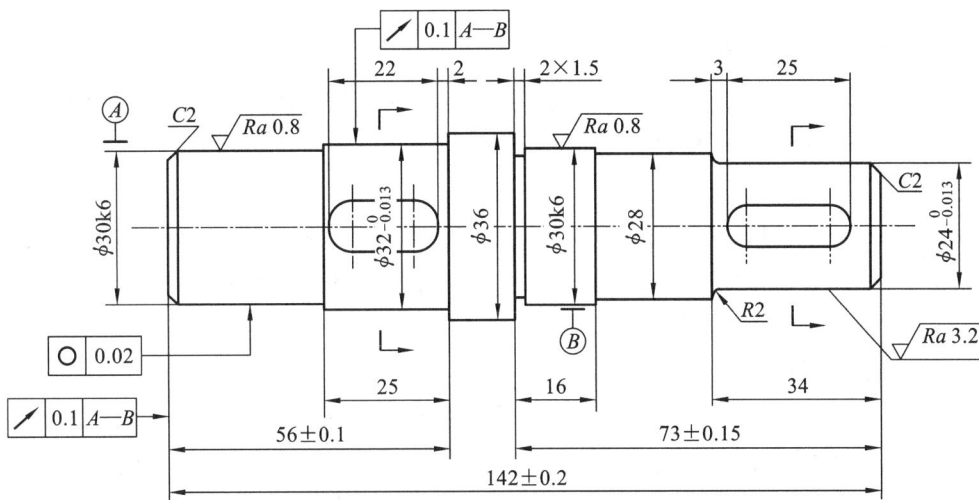

实训图 9-1　零件图

四、实训报告书写

参照实训表 9-1 绘制表格。

实训表 9-1　粗糙度测量数据表

被测位置	图示粗糙度	测量数值	结论

五、实训参考

1. 粗糙度测量方法

表面粗糙度常用的测量方法有比较法、光切法、干涉法、针描法和印模法。

1）比较法

比较法就是将被测表面与表面粗糙度样板直接进行比较,通过视觉、触觉估计出被测表面粗糙度的一种测量方法。比较法不能精确得出被测表面的粗糙度数值,但由于所用器具简单、使用方便,多用于生产现场。

2）光切法

光切法是利用光切原理,用双管显微镜测量表面粗糙度的一种测量方法。常用于测量 Rz,测量范围为 $0.5\sim60\ \mu m$。

3）干涉法

干涉法是利用光波干涉原理,用干涉显微镜测量表面粗糙度的一种方法。主要用于

测量 Rz 值,测量范围为 $0.032 \sim 0.8 \ \mu m$。

4）针描法

针描法也称为轮廓法,是一种接触式测量表面粗糙度的方法。常用的仪器是电动轮廓仪。该仪器可直接测量 Ra 值,也可用于测量 Rz 值。该方法的测量范围一般为 $0.02 \sim 5 \ \mu m$。

5）印模法

印模法是指将石蜡、低熔点合金或其他印模材料压印在被测零件表面,放在显微镜下间接地测量被测表面粗糙度的方法。印模法适用于某些不能使用仪器测量,也不便于样板对比的表面,如深孔、内螺纹等。

2. 比较法的测量步骤

（1）视觉比较:用人的眼睛反复比较被测表面与比较样板间的加工痕迹异同、反光强弱、色彩差异,以判定被测表面的粗糙度的大小。必要时可借用放大镜进行比较。

（2）触觉比较:用手指分别触摸或划过被测表面和比较样板,根据手的感觉判断被测表面与比较样板在峰谷高度和间距上的差别,从而判断被测表面的粗糙度的大小。

练习题

4-1 表面粗糙度的主要评定参数有哪些? 优先采用哪个评定参数?

4-2 规定取样长度和评定长度的目的是什么?

4-3 简述表面粗糙度对零件的使用性能有何影响。

4-4 将下列要求标注在图上,各加工表面均采用去除材料法获得。

（1）直径为 $\phi 50 \ mm$ 的圆柱外表面粗糙度 Ra 的允许值为 $3.2 \ \mu m$。

（2）左端面的表面粗糙度 Ra 的允许值为 $1.6 \ \mu m$。

（3）直径为 $\phi 50 \ mm$ 的圆柱的右端面的表面粗糙度 Ra 的允许值为 $1.6 \ \mu m$。

（4）内孔表面粗糙度 Ra 的允许值为 $0.4 \ \mu m$。

（5）螺纹工作面的表面粗糙度 Rz 的最大值为 $1.6 \ \mu m$,最小值为 $0.8 \ \mu m$。

（6）其余各加工面的表面粗糙度 Ra 的允许值为 $25 \ \mu m$。

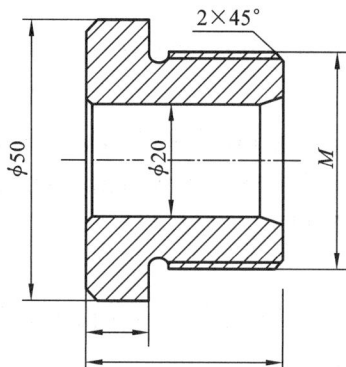

题 4-4 图

光滑极限量规使用

❯❯❯ 知识点 5.1 概 述

5.1.1 量规定义

量规是一种没有刻度、用以检验零件实际尺寸和形位误差综合结果的定值检验工具。一种规格的量规只能检验同种尺寸的工件,用量规检验合格的工件,其实际尺寸及形位误差都控制在给定的公差范围之内,不需要测量出工件的实际尺寸和形位公差的具体数值。量规结构简单,使用方便,检验效果好,为了提高产品质量和检验效率,量规在机械制造行业大批量生产中得到了广泛使用。

目前,我国机械行业中使用的量规种类有很多,除了螺纹量规、圆锥量规、花键量规及位置量规之外,最常用的是用于检验孔、轴尺寸的光滑极限量规。

光滑极限量规又分为塞规和卡规。检验孔的量规称为塞规,如图 5-1(a)所示;检验轴的量规称为卡规(或环规),如图 5-1(b)所示。

塞规和卡规(或环规)统称量规,量规又有通规和止规之分。

通规:按工件的最大实体尺寸来制造,用来检验工件的孔或轴的作用尺寸是否超过最大实体尺寸,通规用于控制工件的作用尺寸。

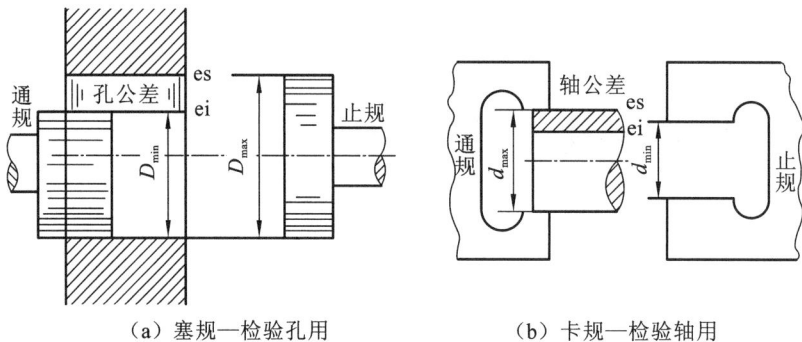

（a）塞规—检验孔用　　　　　　（b）卡规—检验轴用

图 5-1　光滑极限量规

止规：用来检验工件的孔或轴的实际尺寸是否超过最小实体尺寸，止规用于控制工件的实际尺寸。

检验工件时，如通规通过工件，而止规不通过工件，则该工件是合格的，否则该工件是不合格的。用量规检验工件时，通规和止规必须成对使用，才能判断被测工件的孔或轴的尺寸是否在给定的尺寸范围之内。

5.1.2　量规分类

量规按用途不同分为工作量规、验收量规、校对量规三种。

1. 工作量规

工作量规是工件制造过程中操作者检验工件时所用的量规。操作者使用的量规应是新的或磨损较少的量规。工作量规的通规用"T"来表示，止规用"Z"来表示。

2. 验收量规

验收量规是检验部门或用户代表在验收产品时所用的量规。验收量规一般不需另行设计和制造，是从磨损较多但未超过磨损极限的工作量规的通规中挑选出来的，止规应等于或接近工件的最小实体尺寸。这样操作，生产者用工作量规自检合格的工件，验收人员用验收量规验收时也应该合格。

3. 校对量规

校对量规是用来检验工作量规的量规。由于孔用工作量规便于用精密量仪测量，所以国家标准规定，只对轴用工作量规使用校对量规。轴用校对量规的分类见表 5-1。

表 5-1　轴用校对量规的分类

量规形状	检验对象		量规名称	量规代号	功能	判断合格的标志
塞规	轴用工作量规	通规	校通-通	TT	防止通规制造尺寸过小	通过
		止规	校止-通	ZT	防止止规制造尺寸过小	通过
		通规	校通-损	TS	防止通规使用中尺寸磨损过大	不通过

"校通-通"量规(代号 TT)是检验轴用工作量规通端的校对量规。检验时,若校对量规能够通过轴用工作量规的通端,则表示该通端合格。该校对量规的主要作用是防止轴用工作量规的通规在制造时尺寸过小。

"校止-通"量规(代号 ZT)是检验轴用工作量规止端的校对量规。检验时,若校对量规通过轴用工作量规的止端,则表示该止端合格。该校对量规的主要作用是防止轴用工作量规的止规在制造时尺寸过小。

"校通-损"量规(代号 TS)是检验轴用工作量规通端是否已达到或超过磨损极限的量规。该校对量规的主要作用是防止轴用工作量规的通规在使用中尺寸磨损过大。

5.1.3 量规极限尺寸的判断原则

由于工件存在形状尺寸误差,加工出来的孔或轴的实际形状尺寸不可能是一个理想的圆柱体。因此,为了保证实际尺寸不仅在极限尺寸范围之内,而且满足配合性质,从工件的验收方面来考虑,对要求遵守包容要求的孔和轴提出了极限尺寸的判断原则——泰勒原则。

泰勒原则是指遵守包容要求的单一要素孔或轴的实际尺寸和形状误差综合形成的体外作用尺寸不允许超过最大实体尺寸,在孔或轴的任何位置上的实际尺寸不允许超过最小实体尺寸。用公式表示如下:

对于孔:

$$D_{fe} \geqslant D_M = D_{min}, \quad D_a \leqslant D_{max}$$

对于轴:

$$d_{fe} \leqslant d_{max}, \quad d_a \geqslant d_{min}$$

符合泰勒原则的光滑极限量规如下:

(1)量规的尺寸要求。通规的基本尺寸应等于工件的最大实体尺寸,止规的基本尺寸应等于工件的最小实体尺寸。

(2)量规的形状要求。通规用来控制工件的作用尺寸,它的测量面应是与孔或轴形状相对应的完整表面(通常称全形量规),且测量长度等于配合长度。止规用来控制工件的实际尺寸,它的测量面应是点状的(通常称不全形量规),且测量长度可以短些。

知识点 5.2 量规公差与量规公差带

5.2.1 工作量规的公差带

工作量规的制造公差 T 和位置要素 Z 按 GB/T 1957—2006 的规定取值。如表 5-2 所示。

表 5-2 量规制造公差 T 和位置要素 Z 值(摘自 GB/T 1957—2006) 单位:μm

工件基本尺寸/mm	IT6			IT7			IT8			IT9			IT10			IT11		
	公差值	T	Z	公差值	T	Z	公差值	T	Z	公差值	T	Z	公差值	T	Z	公差值	T	Z
≤3	6	1	1	10	1.2	1.6	14	1.6	2	25	2	3	40	2.4	4	60	3	6

续表

工件基本尺寸/mm	IT6			IT7			IT8			IT9			IT10			IT11		
	公差值	T	Z	公差值	T	Z	公差值	T	Z	公差值	T	Z	公差值	T	Z	公差值	T	Z
>3~6	8	1.2	1.4	12	1.4	2	18	2	2.6	30	2.4	4	48	3	5	75	4	8
>6~10	9	1.4	1.6	15	1.8	2.4	22	2.4	3.2	36	2.8	5	58	3.6	6	90	5	9
>10~18	11	1.6	2	18	2	2.8	27	2.8	4	43	3.4	6	70	4	8	110	6	11
>18~30	13	2	2.4	21	2.4	3.4	33	3.4	5	52	4	7	84	5	9	130	7	13
>30~50	16	2.4	2.8	25	3	4	39	4	6	62	5	8	100	6	11	160	8	16
>50~80	19	2.8	3.4	30	3.6	4.6	46	4.6	7	74	6	9	120	7	13	190	9	19
>80~120	22	3.2	3.8	35	4.2	5.4	54	5.4	8	87	7	10	140	8	15	220	10	22
>120~180	25	3.8	4.4	40	4.8	6	63	6	9	100	8	12	160	9	18	250	12	25
>180~250	29	4.4	5	46	5.4	7	72	7	10	115	9	14	185	10	20	290	14	29
>250~315	32	4.8	5.6	52	6	8	81	8	11	130	10	16	210	12	22	320	16	32
>315~400	36	5.4	6.2	57	7	9	89	9	12	140	11	18	230	14	25	360	18	36
>400~500	40	6	7	63	8	10	97	10	14	155	12	20	250	16	28	400	20	40

通规公差带的位置 Z 是指量规制造公差 T 的中心线到工件最大实体尺寸线的距离（向工件公差带内缩 Z）。

止规公差带的位置 $T/2$ 是指量规制造公差 T 的中心线到工件最小实体尺寸线的距离（向工件公差带内缩 $T/2$）。

5.2.2 校对量规的公差带

（1）校对量规公差 T_P。校对量规公差取值为 $T_P = T/2$。

（2）T_P 的位置。对于 TT 规、ZT 规，T_P 在 T 的中心线以下；对于 TS 规，T_P 在轴工件公差的最大实体尺寸线以下。

5.2.3 量规公差带

为了确保产品质量与互换性，防止产生误收，GB/T 1957—2006 规定量规的公差带位于孔、轴的公差带内。

孔用和轴用工作量规公差带如图 5-2 所示。图 5-2 中，T 为量规制造公差，Z 为通规尺寸公差带的中心到工件最大实体尺寸的距离，称为位置要素。通规在使用过程中会逐渐磨损，为了使它具有一定的使用寿命，需要留出适当的磨损量，即磨损极限，磨损极限等于被检验工件的最大实体尺寸。因为止规不经常通过工件，磨损较少，所以在给定尺寸公差带内，不必留磨损量和另行规定磨损极限。

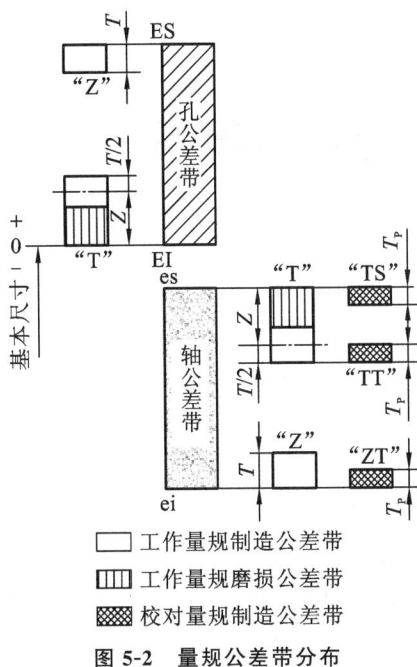

图 5-2 量规公差带分布

由图 5-2 可知,量规公差 T 和位置要素 Z 的数值大,对工件的加工不利;T 的数值小,则量规制造困难;Z 的数值小,则量规使用寿命短。因此,国家标准规定了量规制造公差 T 和公差带位置要素 Z 的数值,见表 5-2。

练习题

5-1 量规的通规和止规按工件的哪个实体尺寸制造?各控制工件的哪个极限尺寸?

5-2 孔、轴用工作量规的公差带是如何分布的?其特点是什么?

5-3 试计算 $\phi45H7$ 孔的工作量规和 $\phi45k6$ 轴的工作量规及其校对量规工作部分的极限尺寸,并画出孔、轴工作量规和校对量规的尺寸公差带图。

螺纹的公差与测量

1. 熟悉螺纹千分尺的读数原理和使用方法。
2. 熟悉三针法测量螺纹中径的原理和方法。

思 政 目 标

随着科技的不断发展,螺纹的测量方法也在不断更新和完善。学生可以在掌握传统测量方法的基础上,积极探索新的测量技术和方法,如利用现代测量仪器和软件进行精确测量等,从而培养学生的创新精神和实践能力。

学习重难点

重点:掌握螺纹千分尺的读数原理和使用方法,并能使用其测量螺纹中径。

难点:理解普通螺纹的几何参数定义,能读懂普通螺纹的标记。

教学及实训准备

教具:课本、实训报告册、绘图工具包。

教学场地:多媒体教室、测量教室(具备螺纹千分尺)。

知识点 6.1 概 述

螺纹的应用十分广泛,常用于各种机电设备和仪器仪表中。它由相互配合的内、外螺纹组成,通过旋合后牙侧面的接触作用来实现连接、密封、传递力与运动等功能。螺纹的种类有很多,属于标准件。本模块仅从互换性的角度对普通螺纹的公差与配合标准进行介绍。对于梯形螺纹的公差标准只作简单介绍。

6.1.1 螺纹的分类

螺纹按牙型分为三角形螺纹、梯形螺纹、锯齿形螺纹及矩形螺纹。螺纹按功能要求一般可以分为以下三类:

(1)连接螺纹。又称紧固螺纹。主要作用是将零件连接紧固成一体,如普通公制螺纹、英制螺纹,其牙型一般为三角形。主要要求是具有良好的旋合性和连接的可靠性。

(2)传动螺纹。主要作用是精确地传递运动,实现旋转运动与直线运动的转换。主要要求是传递动力的可靠性、传递位移的准确性及传动比恒定。其牙型有三角形、梯形、矩形和锯齿形。机床的传动丝杠和螺母多采用梯形螺纹。

（3）密封螺纹。主要作用是实现两个零件无泄漏的紧密连接，防止漏水、漏气或漏油，如管螺纹。主要要求是结合应具有一定的过盈，以及良好的旋合性和密封性。其牙型一般为三角形。

6.1.2 普通螺纹的基本几何参数

普通螺纹的基本牙型如图 6-1 所示。

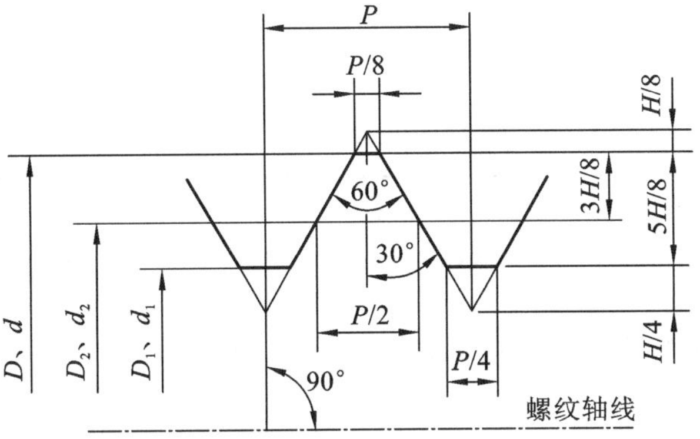

图 6-1 普通螺纹的基本牙型

1. 大径 D、d

大径是指与外螺纹的牙顶或内螺纹的牙底相重合的假想圆柱的直径。国家标准规定普通螺纹的大径为螺纹的公称直径，按国家标准直径系列选用，具体数值见表 6-1。

表 6-1 普通螺纹的公称直径和螺距（摘自 GB/T 193—2003） 单位:mm

公称直径 D、d			螺距 P										
				细牙									
第 1 系列	第 2 系列	第 3 系列	粗牙	3	2	1.5	1.25	1	0.75	0.5	0.35	0.5	0.2
10			1.5				1.25	1	0.75				
		11	1.5			1.5		1	0.75				
12			1.75				1.25	1					
	14		2			1.5	1.25*	1					
		15				1.5		1					
16			2			1.5		1					

续表

公称直径 D、d			螺距 P										
第1系列	第2系列	第3系列	粗牙	细牙									
				3	2	1.5	1.25	1	0.75	0.5	0.35	0.5	0.2
		17				1.5		1					
	18		2.5		2	1.5		1					
20			2.5		2	1.5		1					
	22		2.5		2	1.5		1					
24			3		2	1.5		1					
		25			2	1.5		1					

注：* 表示仅用于发动机的火花塞。

2. 小径 D_1、d_1

与外螺纹牙底或内螺纹牙顶相重合的假想圆柱的直径。

3. 中径 D_2、d_2

中径是一个假想圆柱的直径,该圆柱的母线所通过的牙型与沟槽的宽度相等,均为 $P/2$。

4. 顶径 D_1、d

顶径是指与螺纹牙顶相重合的假想圆柱的直径,即外螺纹大径或内螺纹小径。

5. 底径 D、d_1

底径是指与螺纹牙底相重合的假想圆柱的直径,即外螺纹小径或内螺纹大径。

6. 单一中径 D_{2a}、d_{2a}

单一中径是指假想圆柱的直径,该圆柱的母线通过牙槽宽度等于基本螺距一半的位置,如图 6-2 所示。理论上,单一中径与中径相等。

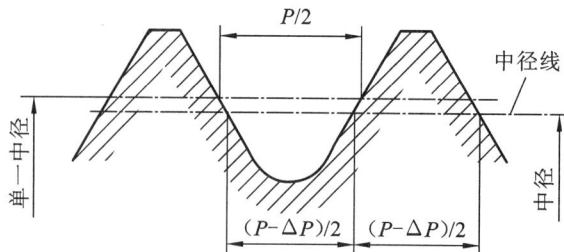

图 6-2　单一中径

7. 螺距 P

螺距是指相邻两牙在中径线上对应两点间的轴向距离。

相互结合的内外螺纹的螺距是相等的。螺距分粗牙和细牙,见表 6-1。

8. 导程 Ph

导程是指同一螺旋线上相邻两牙中径线上对应两点间的轴向距离。单线螺纹,$Ph = P$;多线螺纹,$Ph = nP$,其中 n 为螺纹线数。

9. 牙型角 α

牙型角是指两相邻牙侧面的夹角,参见图 6-1。普通螺纹的理论牙型角 $\alpha = 60°$。

10. 牙型半角 $\alpha/2$

牙型半角是指牙侧与螺纹轴线的垂线间的夹角。

11. 原始三角形高度 H

原始三角形高度是指由原始三角形顶点沿垂直于螺纹的轴线方向到其底边的距离。原始三角形为一等边三角形,H 与 P 的几何关系:$H = \sqrt{3}P/2$。

12. 牙型高度 h

牙型高度是指在螺纹牙型上,牙顶到牙底在垂直于螺纹轴线方向上的距离,$h = 5H/8$。

13. 螺纹旋合长度 L

螺纹旋合长度是指两旋合的螺纹沿螺纹轴线方向相互旋合部分的长度。

14. 螺纹接触高度

螺纹接触高度是指两相配合螺纹牙型面上,相互重合部分在垂直于螺纹轴线方向上的距离。

≫≫≫ 知识点 6.2 普通螺纹的公差

6.2.1 螺纹的公差等级

公称直径为 1~355 mm 的普通螺纹的公差带由基本偏差和公差等级组成。公差值的代号为 T。公差带的大小由公差等级确定。国家标准按内外螺纹的中径和顶径公差值的大小规定了螺纹的公差等级。其中 9 级精度最低,3 级精度最高,6 级为基本等级。螺纹的公差等级参见表 6-2。

表 6-2 螺纹的公差等级

螺纹直径	公差等级	螺纹直径	公差等级
内螺纹小径 D_1	4、5、6、7、8	外螺纹中径 d_2	3、4、5、6、7、8、9
内螺纹中径 D_2	4、5、6、7、8	外螺纹大径 d	4、6、8

为满足"工艺等价"原则,同级的内螺纹中径公差值比外螺纹中径公差值大 30% 左右,

因为内螺纹加工较外螺纹加工困难。各直径公差值见表 6-3 和表 6-4。

表 6-3 普通螺纹中径公差(摘自 GB/T 197—2018) 单位:μm

公称直径 /mm	螺距 P/mm	内螺纹中径公差 T_{D2}				外螺纹中径公差 T_{d2}				
		公差等级				公差等级				
		5	6	7	8	5	6	7	8	9
>11.2~22.4	1	125	160	200	250	95	118	150	190	236
	1.25	140	180	224	280	106	132	170	212	265
	1.5	150	190	236	300	112	140	180	224	280
	1.75	160	200	250	315	118	150	190	236	300
	2	170	212	265	335	125	160	200	250	315
	2.5	180	224	280	355	132	170	212	265	335
>22.4~45	1.5	160	200	250	315	118	150	190	236	300
	2	180	224	280	355	132	170	212	265	335
	3	212	265	335	425	160	200	250	315	400
	3.5	224	280	355	450	170	212	265	335	425
	4	236	300	375	475	180	224	280	355	450
	4.5	250	315	400	500	190	236	300	375	475

表 6-4 普通螺纹顶径公差(摘自 GB/T 197—2018) 单位:μm

螺距 P/mm	内螺纹小径公差 T_{D1}				外螺纹大径公差 T_d		
	公差等级				公差等级		
	5	6	7	8	4	6	8
0.75	150	190	236	—	90	140	—
0.8	160	200	250	315	95	150	236
1	190	236	300	375	112	180	280
1.25	212	265	335	425	132	212	335
1.5	236	300	375	475	150	236	375
1.75	265	335	425	530	170	265	425
2	300	375	475	600	180	280	450
2.5	355	450	560	710	212	335	530
3	400	500	630	800	236	375	600

6.2.2　螺纹的基本偏差

公差带的位置由基本偏差确定,国家标准规定内螺纹的下偏差 EI 和外螺纹的上偏差 es 为基本偏差。对内螺纹基本偏差规定 G 和 H 两种,对外螺纹基本偏差规定 e、f、g 和 h 四种,如表 6-5 所示。其中 H 和 h 的基本偏差为零,G 的基本偏差为正值,e、f、g 的基本偏差为负值。内、外螺纹的基本偏差见图 6-3。

表 6-5　内、外螺纹的基本偏差　　　　　　　单位:μm

螺距 P/mm	内螺纹基本偏差 EI		外螺纹基本偏差 es			
	G	H	e	f	g	h
0.75	+22		−56	−38	−22	
0.8	+24		−60	−38	−24	
1	+26		−60	−40	−26	
1.25	+28		−63	−42	−28	
1.5	+32	0	−67	−45	−32	0
1.75	+34		−71	−48	−34	
2	+38		−71	−52	−38	
2.5	+42		−80	−58	−42	
3	+48		−85	−63	−48	

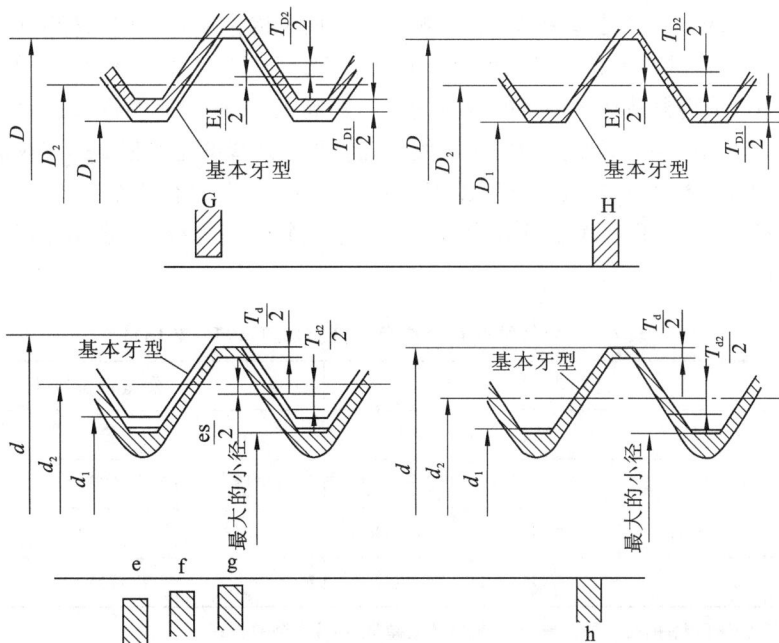

图 6-3　内、外螺纹的基本偏差示意图

6.2.3　螺纹的旋合长度

螺纹的旋合长度有短旋合长度（S）、中等旋合长度（N）和长旋合长度（L）三种，对螺纹的配合精度有影响。常用的旋合长度是螺纹公称直径的 0.5～1.5 倍。通常选用中等旋合长度（N），数值可参考表 6-6。

表 6-6　螺纹的旋合长度（摘自 GB/T 197—2018）　　　　单位：μm

公称直径 d/mm	螺距 P/mm	旋合长度		
		S	N	L
>5.6～11.2	0.75	≤2.4	>2.4～7.1	>7.1
	1	≤3	>3～9	>9
	1.25	≤4	>4～12	>12
	1.5	≤5	>5～15	>15
>11.2～22.4	1	≤3.8	>3.8～11	>11
	1.25	≤4.5	>4.5～13	>13
	1.5	≤5.6	>5.6～16	>16
	1.75	≤6	>6～18	>18
	2	≤8	>8～24	>24
	2.5	≤10	>10～30	>30

6.2.4　螺纹精度的选择

螺纹精度等级由螺纹公差带和螺纹的旋合长度两个因素决定。国家标准将螺纹的精度等级分为粗糙级、中等级和精密级三种。一般以中等旋合长度下的 6 级公差等级作为中等精度。对要求不高或者制造比较困难的螺纹选用粗糙等级，一般用途的螺纹选用中等精度，要求配合性质变动比较小的螺纹选用精密等级。螺纹精度选择的主要依据是螺纹的使用要求。

内螺纹和外螺纹推荐公差带分别见表 6-7 和表 6-8。表中有两个公差等级及代号的，前者表示中径公差带，后者表示顶径公差带；只有一个公差等级的，表示中径公差带和顶径公差带相同。

表 6-7　内螺纹推荐公差带（摘自 GB/T 197—2018）

精度	公差带位置 G			公差带位置 H		
	S	N	L	S	N	L
精密	—	—	—	4H	5H	6H
中等	(5G)	* 6G	(7G)	* 5H	* 6H	* 7H
粗糙	—	(7G)	(8G)	—	7H	8H

注：1. 公差优先选用顺序：带 * 的公差带、一般字体公差带、括号内公差带；

2. 大批量生产的紧固件螺纹推荐采用带下画线的公差带。

表 6-8　外螺纹推荐公差带(摘自 GB/T 197—2018)

精度	公差带位置 f			公差带位置 g			公差带位置 h		
	S	N	L	S	N	L	S	N	L
精密	—	—	—	—	(4g)	(5g4g)	(3h4h)	4h	(5h4h)
中等	—	* 6f	—	(5g6g)	* 6g	(7g6g)	(5h6h)	6h	(7h6h)
粗糙	—	—	—	—	8g	(9g8g)	—	—	—

注:1. 公差优先选用顺序:带 * 的公差带、一般字体公差带、括号内公差带;
　　2. 大批量生产的紧固件螺纹推荐采用带下画线的公差带。

6.2.5　螺纹的表面粗糙度

螺纹的表面粗糙度 Ra 数值可参考表 6-9。对于强度要求较高的螺纹牙侧表面,Ra 不应大于 $0.4\ \mu m$。

表 6-9　螺纹的表面粗糙度 Ra　　　　　　　　单位:μm

工件	螺纹中径公差等级		
	4、5	6、7	7~9
	Ra 不大于		
螺栓、螺钉、螺母	1.6	3.2	3.2~6.3
轴及套上的螺纹	0.8~1.6	1.6	3.2

6.2.6　螺纹的标注

普通螺纹的完整标记由螺纹代号、公差带代号、旋合长度代号及旋向代号组成,三者之间要用"-"分开。

1. 单个螺纹的标记

普通螺纹代号用字母"M"及螺纹的尺寸代号"公称直径×螺距"(单位为 mm)表示;粗牙螺纹不标注螺距;右旋螺纹不必标注旋向,左旋螺纹用"LH"标注;螺纹公差带代号标注在螺纹代号后,包括螺纹的中径和顶径,公差带相同时,合写一个;螺纹旋合长度代号标注在螺纹公差带代号之后,新标准中旋合长度不允许标注具体数值,当螺纹旋合长度为中等时,不标注长度代号(N),其他应标注"S"或"L"。如图 6-4 所示。

示例如下:M 10-5H 6H-L 代表公称直径为 10 mm 的米制普通内螺纹,中径公差带为 5H,顶(小)径公差带为 6H,旋合长度代号为 L。

2. 螺纹配合的标记

标注内、外螺纹配合时,内螺纹公差带代号在前,外螺纹公差带代号在后,中间用斜线分开,如 M10-7H/7g6g。

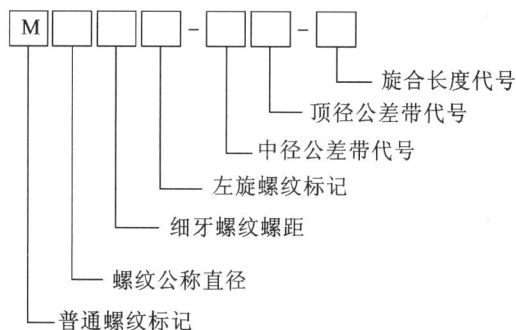

图 6-4 单个螺纹的标记

知识点 6.3 螺纹的测量方法及工具

螺纹几何参数的检测方法有两种:综合检验和单项测量。

6.3.1 综合检验

对于大批量生产、用于紧固连接的普通螺纹,只要求保证可旋合性和一定的连接强度,其螺距误差及牙型半角误差按照包容要求,可由中径公差综合控制。在对螺纹进行综合检验时,使用螺纹量规和光滑极限量规同时检测几个螺纹参数。若量规的"通端"能通过被测螺纹或能旋合,"止端"不能通过被测螺纹或不能旋合,则被测螺纹是合格的,否则为不合格。综合量规不能反映螺纹单项参数误差的具体参数值,但能判断螺纹的合格性,其检验效率高,适合检验大批量生产中精度不太高的螺纹。

螺纹量规分为塞规和环规,分别用来检验内、外螺纹。

图 6-5 所示为用螺纹环规和光滑极限量规检验外螺纹,用卡规先检验外螺纹大径的合格性,再用螺纹环规的通规检验,如能与被检测螺纹顺利旋合,则表明该外螺纹的作用中径合格。图 6-6 所示为用螺纹塞规和光滑极限量规检验内螺纹。

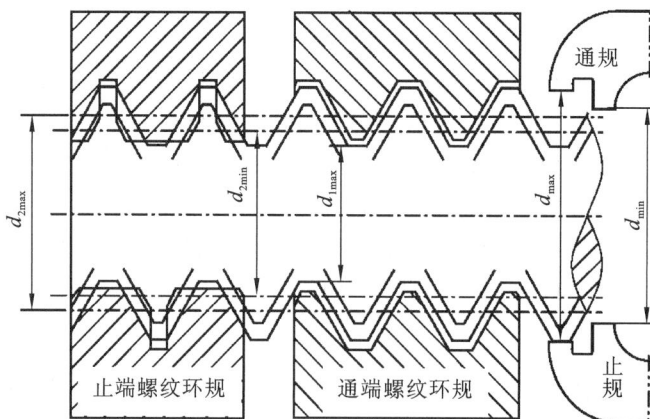

图 6-5 用螺纹环规和光滑极限量规检验外螺纹

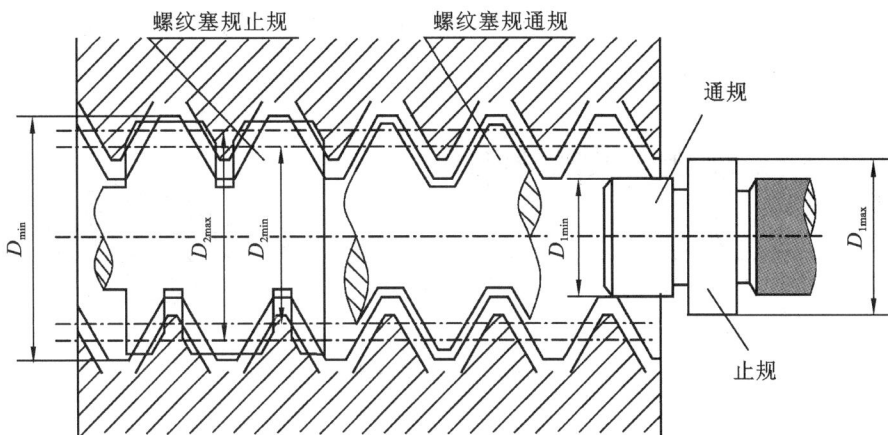

图 6-6　用螺纹塞规和光滑极限量规检验内螺纹

6.3.2　单项测量

对于高精度螺纹、螺纹类刀具及螺纹量规的精密螺纹,其中径、螺距和牙型半角等参数具有不同的公差要求,常进行单项测量。单项测量是每次只测量螺纹的一项几何参数,用测得的实际值判断螺纹的合格性。生产中分析及调整螺纹加工工艺时,也需要采用单项测量。

(1)用量针测量。生产中常采用三针法测量外螺纹的中径,方法简单、测量精度高,应用广泛。图 6-7 所示为三针法测量原理。经几何推导得单一中径:

$$d_{2a} = M - \frac{3}{2}d_0$$

$$d_0 = \frac{1}{\sqrt{3}}P$$

式中: P 为螺距; d_0 为量针直径; M 为测量值。

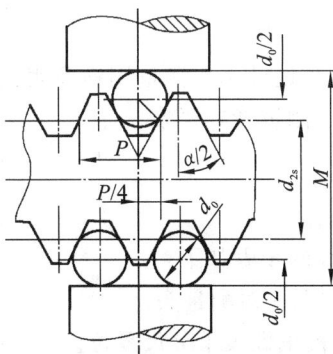

图 6-7　三针法测量原理

(2)在大型或万能工具显微镜上采用影像法测量螺纹各参数,常用于计量室。也可采用测量刀进行轴切法测量,以及采用干涉法测量。

(3)螺纹千分尺测量外螺纹中径是生产车间测量低精度螺纹的常用量具。它的构造与一般外径千分尺相似,只是在测量杆上安装了适用于各种不同牙型和不同螺距的、成对配套的测量头。螺纹千分尺如图 6-8 所示。

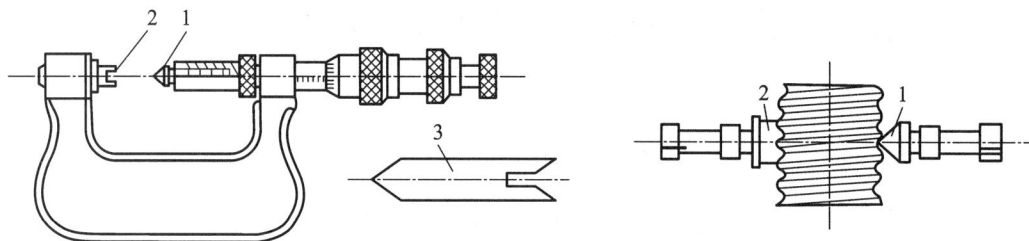

图 6-8　螺纹千分尺
1、2—砧头;3—样板

》》》 实训项目 10　螺纹中径的测量

一、实训目的

（1）掌握正确使用螺纹千分尺测量螺纹中径的方法。
（2）掌握螺纹千分尺测量的正确读数方法及计算。

二、使用量具

本次实训主要使用量具为螺纹千分尺。

三、实训任务

用螺纹千分尺测量螺栓中径。

四、实训报告书写

结合前面实训所学内容,自主设计本次测量图样及表格。图样需表达清楚被测要素,表格需包含测量数据、测量工具、测量者等要素。

五、实训参考

用螺纹千分尺测量螺纹中径的步骤如下:
（1）根据被测螺纹的螺距选取一对测量头。
（2）擦净仪器和被测螺纹,校正螺纹千分尺零位。
（3）将被测螺纹放入两测量头之间,找准中径部位。
（4）分别在同一截面上相互垂直的两个方向测量螺纹中径,然后取其平均值作为螺纹的实际中径,并依次判断被测螺纹中径的适用性。

练习题

6-1 内、外螺纹中径是否合格的判断原则是什么？

6-2 什么是作用中径？如何控制螺纹中径？并解释原因。

6-3 常用的螺纹单项测量方法有哪些？适用于什么场合？螺纹量规的通端和止端是用来检验螺纹的哪个直径的？

6-4 解释下列螺纹代号：M24-5H、M20-5H6H-L、M30×1-6H/5g6g 与 M20-5h6h-S。

6-5 查表写出 M20×2-6H/5g6g 的大、中、小径尺寸，以及中径和顶径的上、下偏差和公差。

6-6 有一内螺纹 M20-7H，测得其实际中径 $d_{2a}=18.61$ mm，螺距累积误差 $\sum \Delta P = 40$ μm，实际牙型半角 $\alpha/2$(左)$=30°30'$，$\alpha/2$(右)$=29°10'$，此内螺纹的中径是否合格？

圆柱齿轮的公差与测量

知识技能目标

1. 了解齿轮径向跳动检查仪的结构、工作原理,熟悉测量齿轮径向跳动误差的方法。

2. 掌握用齿轮游标尺检测齿轮齿厚的方法,加深对齿厚偏差定义的理解。

3. 掌握齿轮分度圆弦齿高和弦齿厚公称值的计算方法。

思政目标

1. 遇到各种复杂问题时,学会运用所学知识和技能积极寻求解决方案,培养自主学习与持续学习的意识。

2. 圆柱齿轮公差与测量涉及机械设计、制造工艺、材料科学、计量学等多学科知识。学会跨学科互动,拓宽视野。

学习重难点

重点:

1. 齿轮误差的来源、分类及评定。

2. 齿轮精度的标注。

3. 齿轮不同参数公差测量工具、方法。

难点:

1. 齿轮精度等级、侧隙种类、检验参数及公差值、齿坯精度的确定。

2. 齿轮分度圆弦齿高和弦齿厚公称值的计算方法。

教学及实训准备

教具:课本、实训报告册、绘图工具包。

教学场地:多媒体教室。

》》》 知识点 7.1　圆柱齿轮的基本要求

在机械产品中,齿轮是使用最多的传动件,广泛用于传递回转运动、传递动力和精密分度等,尤其是渐开线圆柱齿轮应用更为广泛。齿轮传动的质量和效率主要取决于齿轮的制造精度和齿轮副的安装精度。要保证齿轮在使用过程中传动准确平稳、灵活可靠、振动和噪声小等,就必须对齿轮误差和齿轮副的安装误差加以限制。因此,了解齿轮误差对其使用性能的影响,掌握齿轮的精度标准和检测技术具有重要意义。

齿轮传动按用途可以分为传动齿轮、动力齿轮与分度齿轮。用途不同,要求也各不相同,综合起来归纳为以下四个方面。

1. 传递运动的准确性(运动精度)

要求齿轮在转动一周范围内,传动比的变化要尽量小,即最大转角误差要限制在一定范围内,最大转角误差为其评定指标。

2. 传动的平稳性(传动精度)

要求齿轮在一齿距或瞬时内传动比的变化尽量小,以减少齿轮传动中的冲击、振动和噪声,保证传动平稳。这可以通过控制齿轮转动一个齿过程中的最大转角误差来实现。

3. 载荷分布的均匀性(接触精度)

要求啮合齿面在齿宽与齿高方向上能较全面地接触,使齿面上的载荷分布均匀,以避免传动载荷较大时齿面产生应力集中,引起齿面磨损加剧、早期点蚀甚至折断,从而使齿轮传动有较高的承载能力和较长的使用寿命。

4. 齿侧间隙的合理性

装配好的齿轮副在啮合时,非工作齿面之间应留有适当的间隙。这种间隙可以储存润滑油,补偿制造与安装误差及热变形,从而保证传动灵活。过小的齿侧间隙可能造成齿轮卡死或烧伤现象,过大的齿侧间隙会引起反转时的冲击及回程误差。

上述前三项要求为对齿轮本身的精度要求,而第四项是对齿轮副的要求,为了保证齿轮传动具有较好的工作性能,对上述四个方面均要有一定的要求。但用途和工作条件不同的齿轮,对上述四个方面应有不同的侧重。齿轮传动的分类及使用要求见表 7-1。

表 7-1 齿轮传动的分类及使用要求

分类	使用场合	特点	要求
低速动力齿轮	轧钢机、起重机械、运输设备、矿山机械等	传递动力大,转速低	接触精度高,齿侧间隙大
高速动力齿轮	汽车、航空发动机、汽轮机、减速器等	传递动力大,转速高	传动平稳,接触精度高
分度齿轮	测量仪器、分度机构等	传递动力小,转速低	运动准确,侧隙小

为了降低齿轮的加工及检测成本,如果齿轮总是用一侧齿面工作,则可以对非工作齿面提出较低的精度要求。

知识点 7.2 齿轮的主要加工误差及分类

齿轮的加工误差来源于机床、刀具、夹具和齿坯本身的制造误差及其安装、调整误差。齿轮的加工方法主要有仿形法和展成法。仿形法是利用成形刀具加工齿轮,如利用铣刀在铣床上铣齿;展成法是利用专用齿轮加工机床加工齿轮,如滚齿、插齿、磨齿。齿轮的加工方法有很多且齿形复杂,导致影响加工误差的主要工艺因素也各不相同。目前,对于齿轮加工误差的规律性及其对传动性能影响的研究尚不够完善。现仅以滚齿为例列出产生加工误差的主要因素。滚齿机加工齿轮如图 7-1 所示。

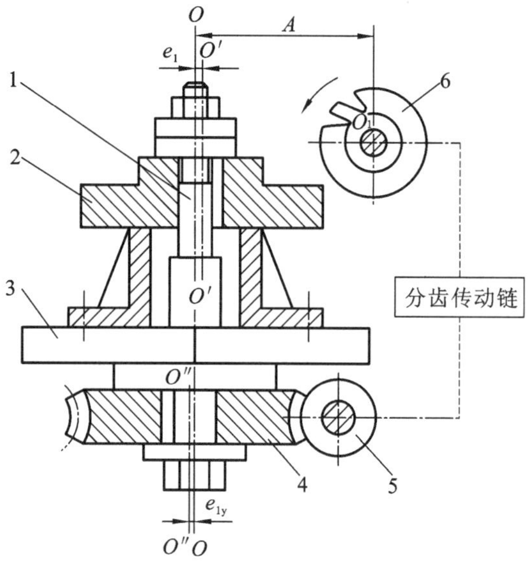

图 7-1　滚齿机加工齿轮

1—心轴；2—齿轮轮坯；3—工作台；4—蜗轮；5—蜗杆；6—滚刀

7.2.1　齿轮加工误差的来源

（1）几何偏心。齿坯在机床上的安装偏心，即齿坯定位孔的轴线与机床工作台的回转轴线不重合而产生的偏心，如图 7-1 中 $OO'(e_1)$ 所示。

（2）运动偏心。由机床分度蜗轮的轴心线与机床工作台回转轴线不重合产生的偏心为运动偏心，如图 7-1 中 $OO''(e_{1y})$ 所示。

（3）机床传动链周期误差。主要由传动链中分度机构各元件误差引起，尤其是分度蜗杆的径向跳动和轴向跳动的影响。

（4）滚刀的制造误差和安装误差。滚刀的齿形角误差、径向跳动、轴向窜动等。

（5）齿坯本身的误差，包括尺寸、形状、位置误差。

7.2.2　齿轮加工误差的分类

为了区别和分析齿轮各种误差的性质、规律及其对齿轮传动的影响，可以从不同的角度对齿轮加工误差进行分类。

1. 长周期误差和短周期误差

长周期误差是指齿轮回转一周出现一次的周期误差，主要由几何偏心和运动偏心产生，以齿轮一转为一个周期。这类周期误差主要影响齿轮传动的准确性，当转速较高时，也影响齿轮传动的平稳性。

短周期误差是指齿轮转动一个齿距中出现一次或多次的周期性误差，主要由机床传动链和滚刀制造误差与安装误差产生。该误差在齿轮一转中多次反复出现。这类误差主要影响齿轮传动的平稳性。

2. 径向误差、切向误差、轴向误差

径向误差是刀具与被切齿轮之间径向距离的偏差。它是由几何偏心、刀具的径向跳动、齿坯轴或刀具轴位置的周期变动引起的。

切向误差是刀具与工件的展成运动遭到破坏或分度不准确而产生的加工误差。

径向误差与切向误差都会造成齿轮传动时输出转速不均匀,影响其传动的准确性。

轴向误差是刀具沿工件轴向移动的误差。它主要是由机床导轨的不精确、齿坯轴线的歪斜造成的。轴向误差破坏齿的纵向接触,对斜齿轮还破坏齿高接触。齿轮的误差方向如图 7-2 所示。

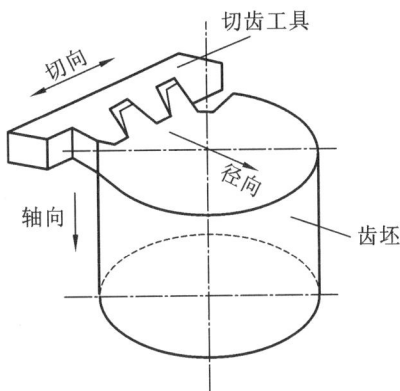

图 7-2　齿轮的误差方向

知识点 7.3　齿轮误差评定参数及检测

7.3.1　影响运动准确性的误差评定参数及检测

影响齿轮传动准确性的主要误差是长周期误差,其主要来源于几何偏心和运动偏心。影响运动准确性的偏差项目有四项,其中综合指标有切向综合总偏差 F_i'、齿距累积总偏差 F_p 与齿距累积偏差(F_{pk}),单项指标有径向跳动公差 F_r、径向综合总偏差 F_i''。

1. 切向综合总偏差 F_i'

切向综合总偏差 F_i' 是指被测齿轮与测量齿轮单面啮合检验时,在被测齿轮一转内,实际转角与理论圆周位移的最大差值,以分度圆弧长计值。

测量齿轮允许用精确齿条、精确蜗杆、精确测头等测量元件代替。该误差用切向综合总偏差 F_i' 表示,以齿轮分度圆上实际圆周位移与理论圆周位移的最大差值计值。该偏差反映了齿轮运动的不均匀性,以齿轮转动一周为周期而变化,反映出几何偏心、运动偏心和长周期误差、短周期误差对齿轮传动准确性影响的综合结果。该偏差的测量状态接近于齿轮的实际工作状态,是评定齿轮传递运动准确性的一项最完善的综合指标,仅限于评定高精度的齿轮。

切向综合总偏差 F_i' 由单啮仪测得。光栅式单啮仪测量原理如图 7-3 所示。标准蜗杆与被测齿轮单面啮合,二者各带一个同轴安装的圆光栅盘和信号发生器;两路所检测到的角位移信号经分频器后变为同频信号;当被测齿轮存在制造误差时,该误差引起的微小回转角误差将变为两路信号的相位差,经比相器和记录器,在圆记录纸上记录下来。测量所得的切向综合总偏差曲线如图 7-4 所示。切向综合总偏差 F_i' 的允许值可按下式计算得到:

$$F_i' = F_p + f_i'$$

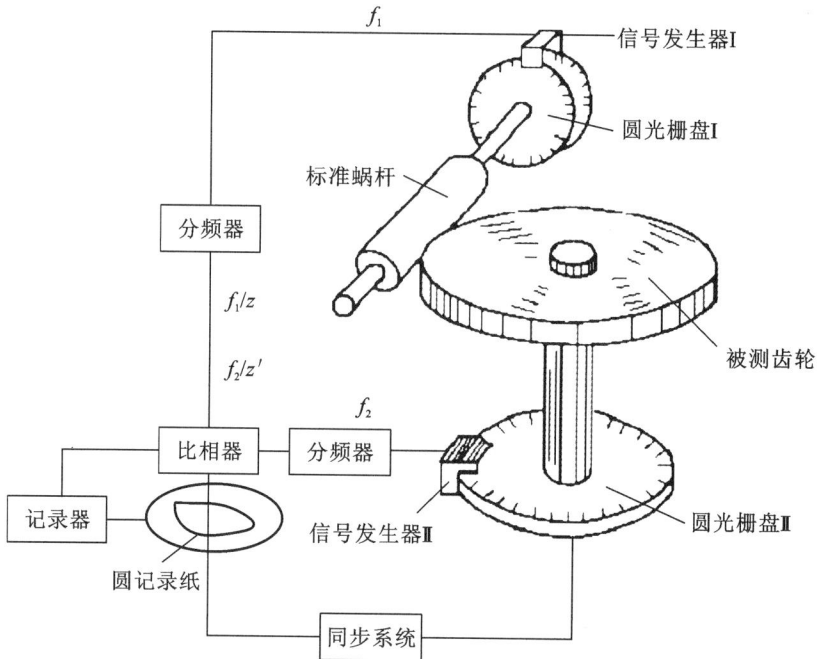

图 7-3　光栅式单啮仪测量原理

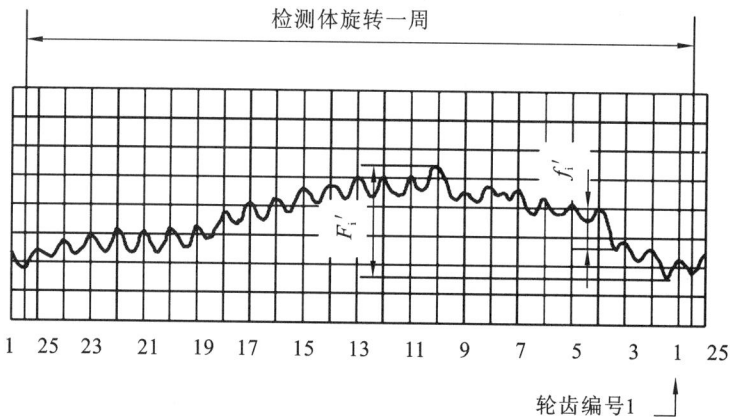

图 7-4　切向综合总偏差曲线图

2. 齿距累积总偏差 F_p 与齿距累积偏差 F_{pk}

齿距累积总偏差 F_p 是指在分度圆上,任意两个同侧齿面间的实际弧长与公称弧长之差的最大绝对值。而 F_{pk} 是指分度圆上 k 个齿距的实际弧长与公称弧长之差的最大绝对值,k 为 $2\sim z/2$ 的整数(z 为齿轮的齿数)。一般情况,F_{pk} 值被限定在不大于 1/8 的圆周上评定。通常,$k=z/8$。

齿距累积总偏差 F_p 主要是在滚切齿形过程中由几何偏心和运动偏心造成的。它能反映齿轮一转中由偏心误差引起的转角误差,因此 $F_p(F_{pk})$ 可代替切向综合总偏差 F_i' 作为评定齿轮运动准确性的指标。但 F_p 是逐齿测得的,每齿只测一个点,而 F_i' 是在连续运转中测得的,它更全面。

F_p 的测量可使用应用较普遍的齿距仪、万能测齿仪与光学分度头等仪器,测量方法分为绝对测量法和相对测量法两种,其中相对测量法应用最广。

相对测量可以用万能测齿仪或齿距仪。用齿距仪测量时定位基准可采用齿顶圆、齿根圆或者以孔定位,如图 7-5 所示。首先以被测齿轮上任一实际齿距作为基准,将指示表调零,然后沿整个齿圈依次测出其实际齿距与基准齿距的偏差,然后通过数据处理,求得齿距偏差。齿轮齿距累积总偏差示意图及曲线如图 7-6 所示。

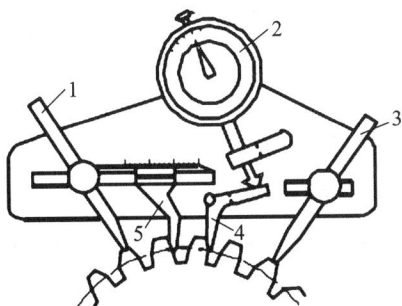

图 7-5　齿距仪测量齿距累积偏差

1、3—定位量脚;2—指示表;

4—活动量脚;5—固定量脚

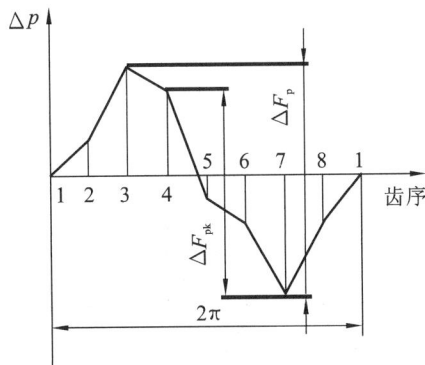

图 7-6　齿轮齿距累积总偏差示意图及曲线

国家标准给出了齿距累积总偏差 F_p 的允许值,见表 7-2。

表 7-2　齿距累积总偏差 F_p　　　　　　　　　　单位:μm

分度圆直径 d/mm	模数 m/mm	精度等级				
		5	6	7	8	9
$5 \leqslant d \leqslant 20$	$0.5 \leqslant m \leqslant 2$	11.0	16.0	23.0	32.0	45.0
	$2 < m \leqslant 3.5$	12.0	17.0	23.0	33.0	47.0
$20 < d \leqslant 50$	$0.5 \leqslant m \leqslant 2$	14.0	20.0	29.0	41.0	57.0
	$2 < m \leqslant 3.5$	15.0	21.0	30.0	42.0	59.0
	$3.5 < m \leqslant 6$	15.0	22.0	31.0	44.0	62.0
	$6 < m \leqslant 10$	16.0	23.0	33.0	46.0	65.0
$50 < d \leqslant 125$	$0.5 \leqslant m \leqslant 2$	18.0	26.0	37.0	52.0	74.0
	$2 < m \leqslant 3.5$	19.0	27.0	38.0	53.0	76.0
	$3.5 < m \leqslant 6$	19.0	28.0	39.0	55.0	78.0
	$6 < m \leqslant 10$	20.0	29.0	41.0	58.0	82.0

分度圆直径 d/mm	模数 m/mm	精度等级				
		5	6	7	8	9
$125<d\leqslant280$	$0.5\leqslant m\leqslant2$	24.0	35.0	49.0	69.0	98.0
	$2<m\leqslant3.5$	25.0	35.0	50.0	70.0	100.0
	$3.5<m\leqslant6$	25.0	36.0	51.0	72.0	102.0
	$6<m\leqslant10$	26.0	37.0	53.0	75.0	106.0
$280<d\leqslant560$	$0.5\leqslant m\leqslant2$	32.0	46.0	64.0	91.0	129.0
	$2<m\leqslant3.5$	33.0	46.0	65.0	92.0	131.0
	$3.5<m\leqslant6$	33.0	47.0	66.0	94.0	133.0
	$6<m\leqslant10$	34.0	48.0	68.0	97.0	137.0

3.径向跳动公差 F_r

径向跳动公差 F_r 是指在齿轮一转范围内,测头在齿槽内于齿高中部与齿面双面接触时相对于齿轮轴线的最大变动量。F_r 主要是由几何偏心引起的,以齿轮转一周为周期出现,属于长周期径向齿轮误差,它可以反映齿距累积误差中的径向误差,但不能反映由运动偏心引起的切向误差,是描述齿轮传动准确性的一个单项评定参数。为了能够全面评定齿轮传递运动的准确性,径向跳动公差 F_r 必须与能揭示切向齿轮误差的单项指标组合。

径向跳动公差 F_r 通常用径向跳动仪来测量。齿圈径向跳动测量示意图如图 7-7 所示。测量时,以齿轮孔为基准,测头(球形、圆柱形、砧形)依次放入各齿槽内,在齿高中部与齿面双面接触,在指示表上读出测头径向位置的最大变化量即为径向跳动。齿圈径向跳动误差曲线如图 7-8 所示。

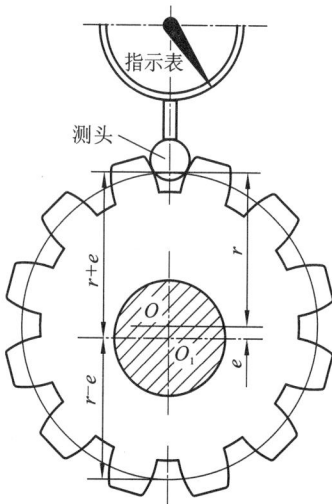

图 7-7 齿圈径向跳动测量示意图

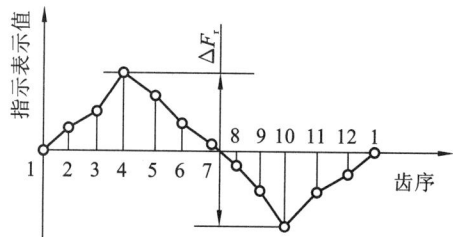

图 7-8 齿圈径向跳动误差曲线

国家标准给出了径向跳动公差值,如表 7-3 所示。

表 7-3　径向跳动公差值 F_r　　　　　　　　　　　　　单位:μm

分度圆直径 d/mm	模数 m/mm	精度等级				
		5	6	7	8	9
$5\leqslant d\leqslant 20$	$0.5\leqslant m\leqslant 2$	9.0	13	18	25	36
	$2<m\leqslant 3.5$	9.5	13	19	27	38
$20<d\leqslant 50$	$0.5\leqslant m\leqslant 2$	11	16	23	32	46
	$2<m\leqslant 3.5$	12	17	24	34	47
	$3.5<m\leqslant 6$	12	17	25	35	49
	$6<m\leqslant 10$	13	19	26	37	52
$50<d\leqslant 125$	$0.5\leqslant m\leqslant 2$	15	21	29	42	59
	$2<m\leqslant 3.5$	15	21	30	43	61
	$3.5<m\leqslant 6$	16	22	31	44	62
	$6<m\leqslant 10$	16	23	33	46	65
$125<d\leqslant 280$	$0.5\leqslant m\leqslant 2$	20	28	39	55	78
	$2<m\leqslant 3.5$	20	28	40	56	80
	$3.5<m\leqslant 6$	20	29	41	58	82
	$6<m\leqslant 10$	21	30	42	60	85
$280<d\leqslant 560$	$0.5\leqslant m\leqslant 2$	26	36	51	73	103
	$2<m\leqslant 3.5$	26	37	52	74	105
	$3.5<m\leqslant 6$	27	38	53	75	106
	$6<m\leqslant 10$	27	39	55	77	109

4. 径向综合总偏差 F_i''

径向综合总偏差 F_i'' 是指被测齿轮与理想精度的测量齿轮双面啮合时,被测齿轮转过一整圈时双啮中心距的最大值和最小值之差。径向综合总偏差主要反映径向误差,其性质与径向跳动基本相同。测量时相当于用测量齿轮的轮齿代替测头,且均为双面接触,这与工作状态不完全符合,所以 F_i'' 只能反映齿轮的径向误差,而不能反映切向误差,即 F_i'' 并不能确切和充分地用来评定齿轮传递运动的准确性。但由于测量径向综合误差比测量齿圈径向跳动效率高,所以成批生产时,常将其作为评定齿轮传动准确性的一个单项检测项目。

径向综合总偏差是用双面啮合综合检查仪测量的,图 7-9 所示为双面啮合综合检查仪的工作原理图。被测齿轮 4 空套在固定心轴 5 上,测量齿轮 1 空套在移动滑板的心轴 2 上,被测齿轮与测量齿轮在弹簧的作用下实现无侧隙双面啮合。被测齿轮转动时,由于各种误差的存在,测量齿轮及移动滑板左右移动,从而使双啮中心距产生变动。双啮中心距的变动由指示表读出,或由记录器记录。径向综合总偏差曲线如图 7-10 所示。

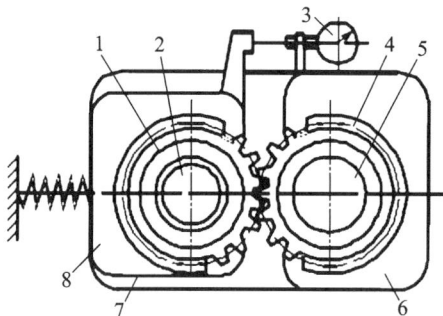

图 7-9 双面啮合综合检查仪工作原理图

1—测量齿轮;2、5—心轴;3—指示表;4—被测齿轮;

6—固定滑板;7—底座;8—移动滑板

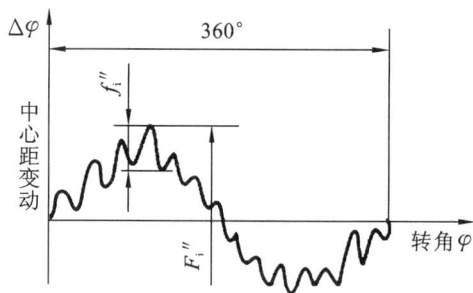

图 7-10 径向综合总偏差曲线

国家标准给出了径向综合总偏差 F_i'' 的允许值,如表 7-4 所示。

表 7-4 径向综合总偏差 F_i'' 单位:μm

分度圆直径 d/mm	模数 m/mm	精度等级				
		5	6	7	8	9
$5 \leqslant d \leqslant 20$	$0.5 \leqslant m \leqslant 0.8$	12	16	23	33	46
	$0.8 < m \leqslant 1.0$	13	18	25	35	50
	$1.0 < m \leqslant 1.5$	14	19	27	38	54
	$1.5 < m \leqslant 2.5$	16	22	32	45	63
	$2.5 < m \leqslant 4.0$	20	28	39	56	79
$20 < d \leqslant 50$	$0.5 \leqslant m \leqslant 0.8$	14	20	28	40	56
	$0.8 < m \leqslant 1.0$	15	21	30	42	60
	$1.0 < m \leqslant 1.5$	16	23	32	45	64
	$1.5 < m \leqslant 2.5$	18	26	37	52	73
	$2.5 < m \leqslant 4.0$	22	31	44	63	89
	$4.0 < m \leqslant 6.0$	28	39	56	79	111
	$6.0 < m \leqslant 10.0$	37	52	74	104	147

续表

分度圆直径 d/mm	模数 m/mm	精度等级				
		5	6	7	8	9
50<d≤125	0.5≤m≤0.8	17	25	35	49	70
	0.8<m≤1.0	18	26	36	52	73
	1.0<m≤1.5	19	27	39	55	77
	1.5<m≤2.5	22	31	43	61	86
	2.5<m≤4.0	25	36	51	72	102
	4.0<m≤6.0	31	44	62	88	124
	6.0<m≤10.0	40	57	80	114	161
125<d≤280	0.5≤m≤0.8	22	31	44	63	89
	0.8<m≤1.0	23	33	46	65	92
	1.0<m≤1.5	24	34	48	68	97
	1.5<m≤2.5	26	37	53	75	103
	2.5<m≤4.0	30	43	61	86	121
	4.0<m≤6.0	36	51	72	102	144
	6.0<m≤10.0	45	64	90	127	180
280<d≤560	0.5≤m≤0.8	29	40	57	81	114
	0.8<m≤1.0	29	42	59	83	117
	1.0<m≤1.5	30	43	61	86	122
	1.5<m≤2.5	33	46	65	92	131
	2.5<m≤4.0	37	52	73	104	146
	4.0<m≤6.0	42	60	84	119	169
	6.0<m≤10.0	51	73	103	145	205

7.3.2 影响传动平稳性的误差评定参数及检测

齿轮传动平稳性误差反映的是齿轮啮合时每转一齿的瞬时传动比的变化,是短周期误差,原因是齿形制造得不准确以及基节存在偏差。影响传动平稳性的误差共有四项,其中综合指标有一齿切向综合偏差 f_i'、一齿径向综合偏差 f_i'',单项指标有齿廓总偏差 F_α、单个齿距偏差 f_{pt}。

1. 一齿切向综合偏差 f_i'

一齿切向综合偏差是指被测齿轮与理想精确的测量齿轮单面啮合时,被测齿轮一齿距角内,齿轮分度圆上实际圆周位移与理论圆周位移的最大差值,即在一个齿距内的切向综合误差。以分度圆弧长计值。

一齿切向综合偏差综合反映了齿轮基节偏差和齿形方面的误差,也能反映由刀具制造和安装误差及机床分度蜗杆安装、制造误差所造成的齿轮短周期综合误差。一齿切向综合偏差反映齿轮一齿内的转角误差,在齿轮一转中多次重复出现,是评定齿轮传动平稳性精度的一项综合指标。

一齿切向综合偏差 f_i' 可在单啮仪测量切向综合总偏差 F_i' 的同时测得,如图 7-4 所示,即在切向综合总偏差 F_i' 的记录曲线上小波纹的最大幅度值。

国家标准给出了 f_i'/K 的值,如表 7-5 所示。

表 7-5　f_i'/K 的值　　　　　　　　　　　　　单位:μm

分度圆直径 d/mm	模数 m/mm	精度等级				
		5	6	7	8	9
5≤d≤20	0.5≤m≤2	14.0	19.0	27.0	38.0	54.0
	2<m≤3.5	16.0	23.0	32.0	45.0	64.0
20<d≤50	0.5≤m≤2	14.0	20.0	29.0	41.0	58.0
	2<m≤3.5	17.0	24.0	34.0	48.0	68.0
	3.5<m≤6	19.0	27.0	38.0	54.0	77.0
	6<m≤10	22.0	31.0	44.0	63.0	89.0
50<d≤125	0.5≤m≤2	16.0	22.0	31.0	44.0	62.0
	2<m≤3.5	18.0	25.0	36.0	51.0	72.0
	3.5<m≤6	20.0	29.0	40.0	57.0	81.0
	6<m≤10	23.0	33.0	47.0	66.0	93.0
125<d≤280	0.5≤m≤2	17.0	24.0	34.0	49.0	69.0
	2<m≤3.5	20.0	28.0	39.0	56.0	79.0
	3.5<m≤6	22.0	31.0	44.0	62.0	88.0
	6<m≤10	25.0	35.0	50.0	70.0	100.0
280<d≤560	0.5≤m≤2	19.0	27.0	39.0	54.0	77.0
	2<m≤3.5	22.0	31.0	44.0	62.0	87.0
	3.5<m≤6	24.0	34.0	48.0	68.0	96.0
	6<m≤10	27.0	38.0	54.0	76.0	108.0

注:f_i' 值由表中数值乘以 K 得出。当 $\varepsilon_r < 4$ 时,$K = 0.2(\varepsilon_r + 4)/\varepsilon_r$;当 $\varepsilon_r \geq 4$ 时,$K = 4$。ε_r 为总重合度。

2. 一齿径向综合偏差 f_i''

一齿径向综合偏差是指被测齿轮与理想精确的测量齿轮双面啮合时,在被测齿轮一齿距角内,双啮中心距的最大变动量。它反映出刀具制造和安装误差(如齿距、齿形误差及偏心等)的综合结果,但测量结果受左、右两齿面的误差的共同影响。因此,用 f_i'' 评定传动平稳性不如用 f_i' 精确。但由于仪器结构简单、操作方便,因此在成批生产中广泛使用。

一齿径向综合偏差可用双啮仪在测量径向综合总偏差的同时测得,如图 7-10 所示,即记录曲线上小波纹的最大幅度值。

国家标准给出了一齿径向综合偏差 f_i'' 的允许值,如表 7-6 所示。

表 7-6　一齿径向综合偏差 f_i''　　　　　　　　　单位:μm

分度圆直径 d/mm	模数 m/mm	精度等级				
		5	6	7	8	9
5≤d≤20	0.5≤m≤0.8	2.5	4.0	5.5	7.5	11
	0.8<m≤1.0	3.5	5.0	7.0	10	14
	1.0<m≤1.5	4.5	6.5	9.0	13	18
	1.5<m≤2.5	6.5	9.5	13	19	26
	2.5<m≤4.0	10	14	20	29	41
20<d≤50	0.5≤m≤0.8	2.5	4.0	5.5	7.5	11
	0.8<m≤1.0	3.5	5.0	7.0	10	14
	1.0<m≤1.5	4.5	6.5	9.0	13	18
	1.5<m≤2.5	6.5	9.5	13	19	26
	2.5<m≤4.0	10	14	20	29	41
	4.0<m≤6.0	15	22	31	43	61
	6.0<m≤10.0	24	34	48	67	95
50<d≤125	0.5≤m≤0.8	3.0	4.0	5.5	8.0	11
	0.8<m≤1.0	3.5	5.0	7.0	10	14
	1.0<m≤1.5	4.5	6.5	9.0	13	18
	1.5<m≤2.5	6.5	9.5	13	19	26
	2.5<m≤4.0	10	14	20	29	41
	4.0<m≤6.0	15	22	31	43	61
	6.0<m≤10.0	24	34	48	67	95

分度圆直径 d/mm	模数 m/mm	精度等级				
		5	6	7	8	9
125<d≤280	0.5≤m≤0.8	3.0	4.0	5.5	8.0	11
	0.8<m≤1.0	3.5	5.0	7.0	10	14
	1.0<m≤1.5	4.5	6.5	9.0	13	18
	1.5<m≤2.5	6.5	9.5	13	19	27
	2.5<m≤4.0	10	15	21	29	41
	4.0<m≤6.0	15	22	31	44	62
	6.0<m≤10.0	24	34	48	67	95
280<d≤560	0.5≤m≤0.8	3.0	4.0	5.5	8.0	11
	0.8<m≤1.0	3.5	5.0	7.5	10	15
	1.0<m≤1.5	4.5	6.5	9.0	13	18
	1.5<m≤2.5	6.5	9.5	13	19	27
	2.5<m≤4.0	10	15	21	29	41
	4.0<m≤6.0	15	22	31	44	62
	6.0<m≤10.0	24	34	48	68	96

3. 齿廓总偏差 F_α

齿廓总偏差 F_α 是指在计值范围内,包容实际齿廓迹线的两条设计齿廓迹线间的距离,如图 7-11(a)所示。齿廓总偏差 F_α 主要是由刀具的制造误差和安装误差、刀具的径向跳动以及机床传动链误差(机床分度蜗杆的径向及轴向跳动)造成的。

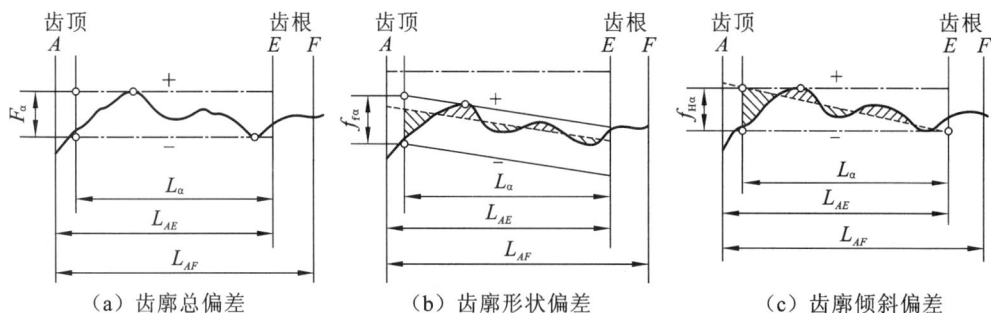

（a）齿廓总偏差 　（b）齿廓形状偏差 　（c）齿廓倾斜偏差

图 7-11 齿廓总偏差、齿廓形状偏差及齿廓倾斜偏差

点画线—设计齿廓;粗实线—实际齿廓;虚线—平均齿廓

L_{AF}—可用长度;L_{AE}—有效长度;L_α—齿廓计值范围

齿廓总偏差 F_α 通常用渐开线检查仪测量。渐开线检查仪有基圆不可调的基圆盘式和基圆可调的万能式。图 7-12 为基圆盘式渐开线检查仪的原理图和结构图。被测齿轮 1

与基圆盘 2 同轴安装,基圆盘通过弹簧力紧靠在直尺 3 上,通过直尺和基圆盘的纯滚动产生精确的渐开线。千分表测量时,按基圆半径 r 调整杠杆 4 测头的位置,令测头与被测齿面接触。用手轮 8 移动纵滑板,直尺和基圆盘互作纯滚动,测头也沿着齿面从齿根向齿顶方向滑动。当被测齿形为理论渐开线时,在测量过程中测头不动,记录器记录下来的是一条直线,如果齿廓有误差,在测量过程中测头与齿面之间就有相对运动。可在千分表上读出 F_α 值,同时此运动可通过杠杆 4 传递,经圆筒 7 上所连记录笔记录在记录纸上,得出一条不规则的曲线,即齿廓总偏差曲线。

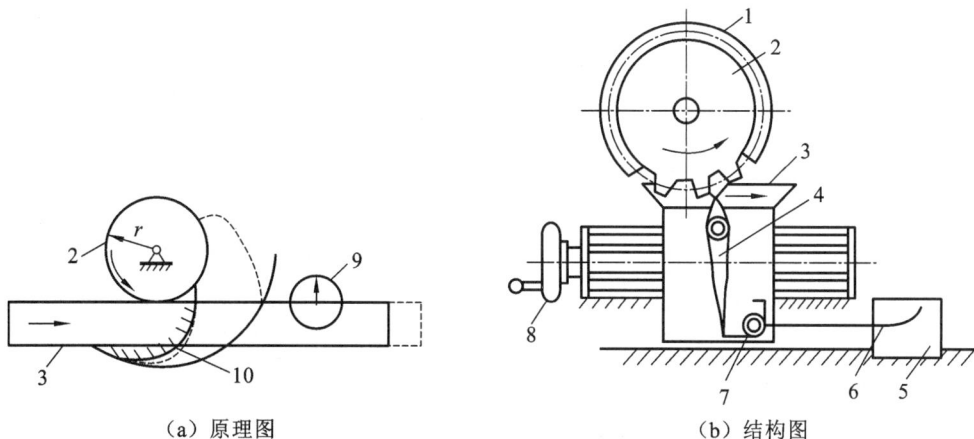

（a）原理图　　　　　　　　　　　　（b）结构图

图 7-12　基圆盘式渐开线检查仪的原理图和结构图

1—齿轮；2—基圆盘；3—直尺；4—杠杆；5—记录纸；6—记录笔；7—圆筒；8—手轮；9—千分表；10—理论齿形

　　另外,国家标准中给出了齿廓形状偏差 $f_{f\alpha}$ 与齿廓倾斜偏差 $f_{H\alpha}$。齿廓形状偏差 $f_{f\alpha}$ 指的是在计值范围 L_α 内,包容实际齿廓迹线的,与平均齿廓迹线完全相同的两条迹线间的距离,且两条迹线与平均齿廓迹线的距离为常数,如图 7-11(b)所示。齿廓倾斜偏差 $f_{H\alpha}$ 指的是在计值范围 L_α 内,两端与平均齿廓迹线相交的两条设计齿廓迹线间的距离,如图 7-11(c)所示。

　　国家标准中给出了齿廓总偏差 F_α、齿廓形状偏差 $f_{f\alpha}$ 与齿廓倾斜偏差 $f_{H\alpha}$ 的允许值,如表 7-7、表 7-8 与表 7-9 所示。

表 7-7　齿廓总偏差 F_α　　　　　　　　　　　单位：μm

分度圆直径 d/mm	模数 m/mm	精度等级				
		5	6	7	8	9
5≤d≤20	0.5≤m≤2	4.6	6.5	9.0	13.0	18.0
	2<m≤3.5	6.5	9.5	13.0	19.0	26.0
20<d≤50	0.5≤m≤2	5.0	7.5	10.0	15.0	21.0
	2<m≤3.5	7.0	10.0	14.0	20.0	29.0
	3.5<m≤6	9.0	12.0	18.0	25.0	35.0
	6<m≤10	11.0	15.0	22.0	31.0	43.0

分度圆直径 d/mm	模数 m/mm	精度等级				
		5	6	7	8	9
50<d≤125	0.5≤m≤2	6.0	8.5	12.0	17.0	23.0
	2<m≤3.5	8.0	11.0	16.0	22.0	31.0
	3.5<m≤6	9.5	13.0	19.0	27.0	38.0
	6<m≤10	12.0	16.0	23.0	33.0	46.0
125<d≤280	0.5≤m≤2	7.0	10.0	14.0	20.0	28.0
	2<m≤3.5	9.0	13.0	18.0	25.0	36.0
	3.5<m≤6	11.0	15.0	21.0	30.0	42.0
	6<m≤10	13.0	18.0	25.0	36.0	50.0
280<d≤560	0.5≤m≤2	8.5	12.0	17.0	23.0	33.0
	2<m≤3.5	10.0	15.0	21.0	29.0	41.0
	3.5<m≤6	12.0	17.0	24.0	34.0	48.0
	6<m≤10	14.0	20.0	28.0	40.0	56.0

表 7-8　齿廓形状偏差 f_{fa}　　　　单位：μm

分度圆直径 d/mm	模数 m/mm	精度等级				
		5	6	7	8	9
5≤d≤20	0.5≤m≤2	3.5	5.0	7.0	10.0	14.0
	2<m≤3.5	5.0	7.0	10.0	14.0	20.0
20<d≤50	0.5≤m≤2	4.0	5.5	8.0	11.0	16.0
	2<m≤3.5	5.5	8.0	11.0	16.0	22.0
	3.5<m≤6	7.0	9.5	14.0	19.0	27.0
	6<m≤10	8.5	12.0	17.0	24.0	34.0
50<d≤125	0.5≤m≤2	4.5	6.5	9.0	13.0	18.0
	2<m≤3.5	6.0	8.5	12.0	17.0	24.0
	3.5<m≤6	7.5	10.0	15.0	21.0	29.0
	6<m≤10	9.0	13.0	18.0	25.0	36.0
125<d≤280	0.5≤m≤2	5.5	7.5	11.0	15.0	21.0
	2<m≤3.5	7.0	9.5	14.0	19.0	28.0
	3.5<m≤6	8.0	12.0	16.0	23.0	33.0
	6<m≤10	10.0	14.0	20.0	28.0	39.0

续表

分度圆直径 d/mm	模数 m/mm	精度等级				
		5	6	7	8	9
280<d≤560	0.5≤m≤2	6.5	9.0	13.0	18.0	26.0
	2<m≤3.5	8.0	11.0	16.0	22.0	32.0
	3.5<m≤6	9.0	13.0	18.0	26.0	37.0
	6<m≤10	11.0	15.0	22.0	31.0	43.0

表 7-9　齿廓倾斜偏差 ±$f_{H\alpha}$　　　　　单位：μm

分度圆直径 d/mm	模数 m/mm	精度等级				
		5	6	7	8	9
5≤d≤20	0.5≤m≤2	2.9	4.2	6.0	8.5	12.0
	2<m≤3.5	4.2	6.0	8.5	12.0	17.0
20<d≤50	0.5≤m≤2	3.3	4.6	6.5	9.5	13.0
	2<m≤3.5	4.5	6.5	9.0	13.0	18.0
	3.5<m≤6	5.5	8.0	11.0	16.0	22.0
	6<m≤10	7.0	9.5	14.0	19.0	27.0
50<d≤125	0.5≤m≤2	3.7	5.5	7.5	11.0	15.0
	2<m≤3.5	5.0	7.0	10.0	14.0	20.0
	3.5<m≤6	6.0	8.5	12.0	17.0	24.0
	6<m≤10	7.5	10.0	15.0	21.0	29.0
125<d≤280	0.5≤m≤2	4.4	6.0	9.0	12.0	18.0
	2<m≤3.5	5.5	8.0	11.0	16.0	23.0
	3.5<m≤6	6.5	9.5	13.0	19.0	27.0
	6<m≤10	8.0	11.0	16.0	23.0	32.0
280<d≤560	0.5≤m≤2	5.5	7.5	11.0	15.0	21.0
	2<m≤3.5	6.5	9.0	13.0	18.0	26.0
	3.5<m≤6	7.5	11.0	15.0	21.0	30.0
	6<m≤10	9.0	13.0	18.0	25.0	35.0

4. 单个齿距偏差 f_{pt}

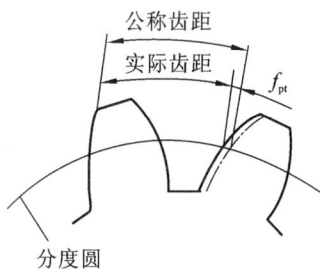

图 7-13 单个齿距偏差

单个齿距偏差 f_{pt} 是指在分度圆上(允许在齿高中部测量),实际齿距与公称齿距(公称齿距是指所有实际齿距的平均值)之差,如图 7-13 所示。

在滚齿中,单个齿距偏差是由机床传动链(主要是分度蜗杆跳动)引起的,所以单个齿距偏差可以用来反映传动链的短周期误差或加工中的分度误差。

单个齿距偏差的测量也可用齿距检查仪测量,可以在齿距累积总偏差的测量中经数据处理得到。采用相对法测量时,取所有实际齿距的平均值作为公称齿距。在测得的各个齿距偏差值中,可能出现正值或负值,以其最大数字的正值或负值作为该齿轮的单个齿距偏差值。国家标准给出了单个齿距偏差,见表 7-10。

表 7-10　单个齿距偏差 $\pm f_{pt}$　　　　　　　　单位:μm

分度圆直径 d/mm	模数 m/mm	精度等级				
		5	6	7	8	9
$5 \leqslant d \leqslant 20$	$0.5 \leqslant m \leqslant 2$	4.7	6.5	9.5	13.0	19.0
	$2 < m \leqslant 3.5$	5.0	7.5	10.0	15.0	21.0
$20 < d \leqslant 50$	$0.5 \leqslant m \leqslant 2$	5.0	7.0	10.0	14.0	20.0
	$2 < m \leqslant 3.5$	5.5	7.5	11.0	15.0	22.0
	$3.5 < m \leqslant 6$	6.0	8.5	12.0	17.0	24.0
	$6 < m \leqslant 10$	7.0	10.0	14.0	20.0	28.0
$50 < d \leqslant 125$	$0.5 \leqslant m \leqslant 2$	5.5	7.5	11.0	15.0	21.0
	$2 < m \leqslant 3.5$	6.0	8.5	12.0	17.0	23.0
	$3.5 < m \leqslant 6$	6.5	9.0	13.0	18.0	26.0
	$6 < m \leqslant 10$	7.5	10.0	15.0	21.0	30.0
$125 < d \leqslant 280$	$0.5 \leqslant m \leqslant 2$	6.0	8.5	12.0	17.0	24.0
	$2 < m \leqslant 3.5$	6.5	9.0	13.0	18.0	26.0
	$3.5 < m \leqslant 6$	7.0	10.0	14.0	20.0	28.0
	$6 < m \leqslant 10$	8.0	11.0	16.0	23.0	32.0
$280 < d \leqslant 560$	$0.5 \leqslant m \leqslant 2$	6.5	9.5	13.0	19.0	27.0
	$2 < m \leqslant 3.5$	7.0	10.0	14.0	20.0	29.0
	$3.5 < m \leqslant 6$	8.0	11.0	16.0	22.0	31.0
	$6 < m \leqslant 10$	8.5	12.0	17.0	25.0	35.0

7.3.3　影响载荷分布均匀性的误差评定参数及检测

两齿轮啮合时,为突现轮齿均匀受载和减小磨损,理想的接触情况应该是沿齿长与齿高方向都能依次充分接触。但是由于齿轮的制造误差与安装误差,齿轮的实际啮合状态会偏离理想状态,影响载荷分布的均匀性。这类误差有三项:螺旋线总偏差 F_β、螺旋线形状偏差 $f_{f\beta}$ 与螺旋线倾斜偏差 $f_{H\beta}$。

1. 螺旋线总偏差 F_β

螺旋线总偏差 F_β 是指在计值范围内,包容实际螺旋线迹线的两条设计螺旋线间的距离。如图 7-14(a)所示。

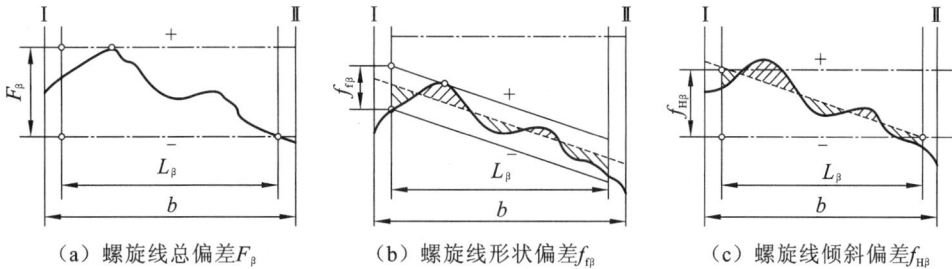

（a）螺旋线总偏差 F_β　　　（b）螺旋线形状偏差 $f_{f\beta}$　　　（c）螺旋线倾斜偏差 $f_{H\beta}$

图 7-14　螺旋线总偏差 F_β、螺旋线形状偏差 $f_{f\beta}$ 与螺旋线倾斜偏差 $f_{H\beta}$

点画线—设计螺旋线;粗实线—实际螺旋线;虚线—平均螺旋线

b—齿宽;L_β—螺旋线计值范围

齿向误差主要是由机床刀架导轨倾斜和夹具齿坯安装误差引起的。对于斜齿轮,还与附加运动链的调整误差有关。它是影响齿轮传动承载均匀性的重要指标之一,此项误差大时,将使齿面单位面积承受的负载增大,大大缩短齿轮使用寿命。

直齿圆柱齿轮螺旋线总偏差 F_β 可由跳动仪、万能工具显微镜等测量。

斜齿轮的螺旋线总偏差可以在导程仪、螺旋角检查仪或万能测齿仪上借助螺旋角测量装置进行测量。

国家标准给出了螺旋线总偏差 F_β 的允许值,见表 7-11。

表 7-11　螺旋线总偏差　　　　　　　　　　　　　　　　　　　单位:μm

分度圆直径 d/mm	齿宽 b/mm	精度等级				
		5	6	7	8	9
5≤d≤20	4≤b≤10	6.0	8.5	12.0	17.0	24.0
	10<b≤20	7.0	9.5	14.0	19.0	28.0
	20<b≤40	8.0	11.0	16.0	22.0	31.0
	40<b≤80	9.5	13.0	19.0	26.0	37.0

分度圆直径 d/mm	齿宽 b/mm	精度等级				
		5	6	7	8	9
20<d≤50	4≤b≤10	6.5	9.0	13.0	18.0	25.0
	10<b≤20	7.0	10.0	14.0	20.0	29.0
	20<b≤40	8.0	11.0	16.0	23.0	32.0
	40<b≤80	9.5	13.0	19.0	27.0	38.0
	80<b≤160	11.0	16.0	23.0	32.0	46.0
50<d≤125	4≤b≤10	6.5	9.0	13.0	19.0	27.0
	10<b≤20	7.5	11.0	15.0	21.0	30.0
	20<b≤40	8.5	12.0	17.0	24.0	34.0
	40<b≤80	10.0	14.0	20.0	28.0	39.0
	80<b≤160	12.0	17.0	24.0	33.0	47.0
	160<b≤250	14.0	20.0	28.0	40.0	56.0
125<d≤280	4≤b≤10	7.0	10.0	14.0	20.0	29.0
	10<b≤20	8.0	11.0	16.0	22.0	32.0
	20<b≤40	9.0	13.0	18.0	25.0	36.0
	40<b≤80	10.0	15.0	21.0	29.0	41.0
	80<b≤160	12.0	17.0	25.0	35.0	49.0
	160<b≤250	14.0	20.0	29.0	41.0	58.0
280<d≤560	10<b≤20	8.5	12.0	17.0	24.0	34.0
	20<b≤40	9.5	13.0	19.0	27.0	38.0
	40<b≤80	11.0	15.0	22.0	31.0	44.0
	80<b≤160	13.0	18.0	26.0	36.0	52.0
	160<b≤250	15.0	21.0	30.0	43.0	60.0

2. 螺旋线形状偏差 $f_{f\beta}$

螺旋线形状偏差 $f_{f\beta}$ 是指在计值范围内,包容实际螺旋线迹线的两条与平均螺旋线迹线完全相同的迹线间的距离,且两条迹线与平均螺旋线迹线的距离为常数,如图 7-14(b)所示。

3. 螺旋线倾斜偏差 $f_{H\beta}$

螺旋线倾斜偏差 $f_{H\beta}$ 是指在计值范围内,两端与平均螺旋线迹线相交的设计螺旋线迹线间的距离,如图 7-14(c)所示。

国家标准给出了螺旋线形状偏差 $f_{f\beta}$ 与螺旋线倾斜偏差 $\pm f_{H\beta}$,见表 7-12。

表 7-12 螺旋线形状偏差 $f_{f\beta}$ 与螺旋线倾斜偏差 $\pm f_{H\beta}$ 单位:μm

分度圆直径 d/mm	齿宽 b/mm	精度等级				
		5	6	7	8	9
$5{\leqslant}d{\leqslant}20$	$4{\leqslant}b{\leqslant}10$	4.4	6.0	8.5	12.0	17.0
	$10{<}b{\leqslant}20$	4.9	7.0	10.0	14.0	20.0
	$20{<}b{\leqslant}40$	5.5	8.0	11.0	16.0	22.0
	$40{<}b{\leqslant}80$	6.5	9.5	13.0	19.0	26.0
$20{<}d{\leqslant}50$	$4{\leqslant}b{\leqslant}10$	4.5	6.5	9.0	13.0	18.0
	$10{<}b{\leqslant}20$	5.0	7.0	10.0	14.0	20.0
	$20{<}b{\leqslant}40$	6.0	8.0	12.0	16.0	23.0
	$40{<}b{\leqslant}80$	7.0	9.5	14.0	19.0	27.0
	$80{<}b{\leqslant}160$	8.0	12.0	16.0	23.0	33.0
$50{<}d{\leqslant}125$	$4{\leqslant}b{\leqslant}10$	4.8	6.5	9.5	13.0	19.0
	$10{<}b{\leqslant}20$	5.5	7.5	11.0	15.0	21.0
	$20{<}b{\leqslant}40$	6.0	8.5	12.0	17.0	24.0
	$40{<}b{\leqslant}80$	7.0	10.0	14.0	20.0	28.0
	$80{<}b{\leqslant}160$	8.5	12.0	17.0	24.0	34.0
	$160{<}b{\leqslant}250$	10.0	14.0	20.0	28.0	40.0
$125{<}d{\leqslant}280$	$4{\leqslant}b{\leqslant}10$	5.0	7.0	10.0	14.0	20.0
	$10{<}b{\leqslant}20$	5.5	8.0	11.0	16.0	23.0
	$20{<}b{\leqslant}40$	6.5	9.0	13.0	18.0	25.0
	$40{<}b{\leqslant}80$	7.5	10.0	15.0	21.0	29.0
	$80{<}b{\leqslant}160$	8.5	12.0	17.0	25.0	35.0
	$160{<}b{\leqslant}250$	10.0	15.0	21.0	29.0	41.0
$280{<}d{\leqslant}560$	$10{<}b{\leqslant}20$	6.0	8.5	12.0	17.0	24.0
	$20{<}b{\leqslant}40$	7.0	9.5	14.0	19.0	27.0
	$40{<}b{\leqslant}80$	8.0	11.0	16.0	22.0	31.0
	$80{<}b{\leqslant}160$	9.0	13.0	18.0	23.0	37.0
	$160{<}b{\leqslant}250$	11.0	15.0	22.0	30.0	43.0

7.3.4　影响齿轮副侧隙的误差评定参数及检测

具有公称齿厚的齿轮副在公称中心距下啮合时应是无侧隙的,但由于受到齿轮加工误差及工作状态等因素的影响,两个相啮合齿轮的工作齿面相接触时,在两个非工作齿面之间形成侧隙。侧隙在不同的轮齿位置上是变动的。影响侧隙大小和不均匀的主要因素是齿厚。评定侧隙的参数有齿厚偏差 E_{sn} 和公法线长度偏差 E_{bn}。

1. 齿厚偏差 E_{sn}（极限偏差：上偏差 E_{sns}、下偏差 E_{sni}）

齿厚偏差 E_{sn} 是指分度圆柱面上,齿厚的实际值与公称值之差,如图 7-15 所示。对于斜齿轮,是指法向齿厚。为保证一定的齿侧间隙,齿厚的上偏差、下偏差均为负值。规定齿厚上偏差 E_{sns} 用于保证侧隙达到最小,规定齿厚公差 T_{sn} 用于限制侧隙过大。测量齿厚是以齿顶圆作为度量基准,但测量结果受齿顶圆的直径偏差和径向跳动的影响,因此齿厚偏差适用于精度较低和尺寸较大的齿轮。对于有更高精度要求的齿轮,应提高齿顶圆精度或改用测量公法线平均长度偏差的方法。

测量齿厚通常用齿厚游标卡尺,如图 7-16 所示。由于弧长难以直接测量,因此以齿顶圆作为度量基准,测量其分度圆弦齿厚,再经计算得到齿厚偏差。

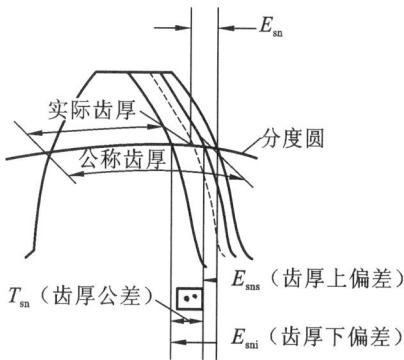

图 7-15　齿厚偏差

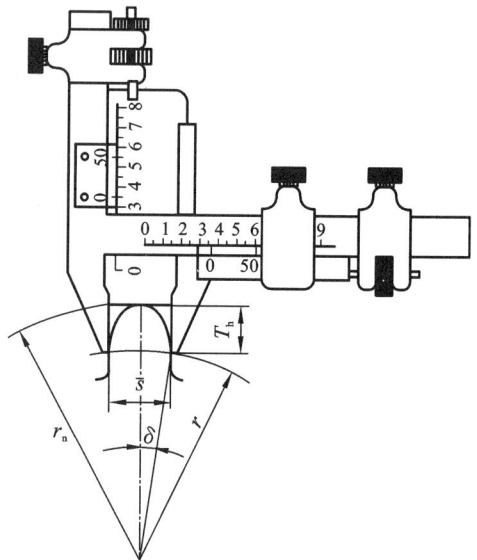

图 7-16　分度圆弦齿厚的测量

2. 公法线长度偏差 E_{bn}（极限偏差：上偏差 E_{bns}、下偏差 E_{bni}）

公法线长度偏差 E_{bn} 是指公法线实际长度 W_{ka} 与其公称值长度 W_k 之差。公法线长度受齿厚影响,因此可用 E_{bn} 代替 E_{sn}。E_{sn} 与 E_{bn} 之间的换算公式如下:

$$E_{bns} = E_{sns}\cos\alpha \quad E_{bni} = E_{sni}\cos\alpha$$

直齿圆柱齿轮公法线长度的公称值 W 按下式计算:

$$W = m\cos\alpha[\pi(k - 0.5) + z\,\mathrm{inv}\,\alpha + 2x\sin\alpha]$$

式中：m 为齿轮的模数；z 为齿轮的齿数；α 为齿轮的标准压力角；x 为齿轮的变位系数；$\mathrm{inv}\,\alpha$ 为 α 角的渐开线函数，$\mathrm{inv}\,20°=0.014904$；$k$ 为测量时的跨齿数，测量直齿圆柱齿轮时可按式 $k=z/9+0.5$ 计算，取最近的整数。

测量公法线长度要比测量齿厚方便，测量精度也较高，通常用公法线千分尺进行测量，如图 7-17 所示。

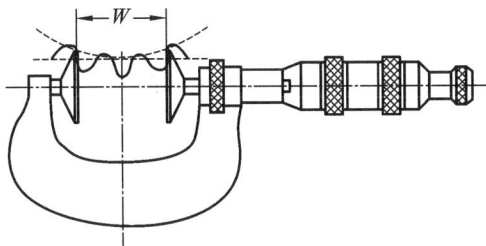

图 7-17　公法线长度测量

7.3.5　齿轮副的误差项目及检测

为了保证传动质量，应限制齿轮副的安装误差。另外，组成齿轮副的两个齿轮的制造误差在齿轮啮合传动时还有可能互相补偿，所以应对齿轮副的以下几项指标进行检测。

1. 轴线平行度偏差 $f_{\Sigma\delta}$、$f_{\Sigma\beta}$

除单个齿轮的误差项外，齿轮副轴线的平行度偏差也同样影响接触精度。

轴线平面内的轴线平行度偏差 $f_{\Sigma\delta}$ 是指一对齿轮的轴线在其轴线平面上投影的平行度偏差，如图 7-18 所示。

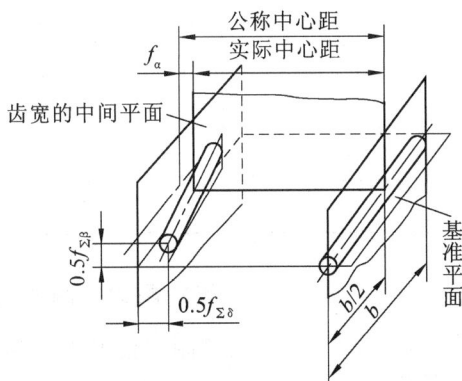

图 7-18　轴线平行度偏差和中心距偏差

垂直平面内的轴线平行度偏差 $f_{\Sigma\beta}$ 是指一对齿轮的轴线在垂直于轴线平面的平面上的投影所呈现的平行度偏差，如图 7-18 所示，在等于齿宽的长度上测量。

公共平面内的轴线平行度偏差 $f_{\Sigma\delta}$ 的公差计算公式为

$$f_{\Sigma\delta}=2f_{\Sigma\beta}$$

垂直平面内的轴线平行度偏差 $f_{\Sigma\beta}$ 的公差计算公式为

$$f_{\Sigma\beta}=0.5F_\beta(L/b)$$

式中：L 为较大的轴承跨距；b 为齿宽。

2. 齿轮副的中心距偏差 f_a

齿轮副的中心距偏差 f_a 是指在齿轮副的齿宽中间平面内，实际中心距与设计中心距之差。它直接影响齿轮副的侧隙。通常，当箱体孔中心距合格时，可不检验齿轮副的中心距偏差。中心距极限偏差可由表 7-13 查得。

表 7-13　中心距极限偏差 $\pm f_a$　　　　　　　　　　　　单位：μm

齿轮副中心距 a/mm	精度等级		
	5、6	7、8	9、10
$6<a\leqslant10$	±7.5	±11	±18
$10<a\leqslant18$	±9	±13.5	±21.5
$18<a\leqslant30$	±10.5	±16.5	±26
$30<a\leqslant50$	±12.5	±19.5	±31
$50<a\leqslant80$	±15	±23	±37
$80<a\leqslant120$	±17.5	±27	±43.5
$120<a\leqslant180$	±20	±31.5	±50
$180<a\leqslant250$	±23	±36	±57
$250<a\leqslant315$	±26	±40.5	±65
$315<a\leqslant400$	±28.5	±44.5	±70
$400<a\leqslant500$	±31.5	±48.5	±77.5
$500<a\leqslant630$	±35	±55	±87
$630<a\leqslant800$	±40	±62	±100
$800<a\leqslant1000$	±45	±70	±115

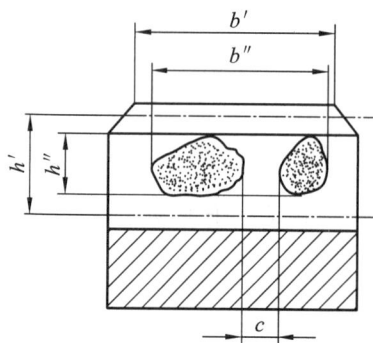

图 7-19　接触斑点

3. 齿轮副的接触斑点

齿轮副的接触斑点是指装配好的齿轮副在轻微的制动下，运转后齿面上分布的接触擦亮痕迹，如图 7-19 所示。轻微制动是指所加制动扭矩能够保证啮合齿面不脱离，又不致使任何零部件（包括被测轮齿）产生可以觉察的弹性变形。

接触斑点主要反映载荷分布均匀性，是齿面接触精度的综合评定指标。

接触痕迹的大小是一个特殊的非几何量的检

验项目,其测量结果在齿面展开图上用百分数计算。

（1）齿宽方向：

$$\frac{b'' - c}{b'} \times 100\%$$

（2）齿高方向：

$$\frac{h''}{h'} \times 100\%$$

式中:b'' 为接触痕迹的长度（扣除超过模数值的断开部分 c）;b' 为设计工作长度;h'' 为接触痕迹的平均高度;h' 为设计工作高度。

一般齿轮副接触斑点的分布位置及大小见表 7-14。

表 7-14　接触斑点的分布位置及大小

精度等级		5	6	7	8	9
接触斑点	按高度不小于	55%（45%）	50%（40%）	45%（35%）	40%（30%）	30%
	按长度不小于	80%	70%	60%	50%	40%

注:1. 接触斑点的分布位置应趋近齿面中部,齿顶和两端部棱边处不允许接触。

2. 括号内数值,用于轴向重合度 $\varepsilon_\beta > 0.8$ 的斜齿轮。

用光泽法检验接触斑点时,须经过一定时间的转动方能使齿面上呈现擦痕。同时保证齿轮中每个轮齿都啮合过,必须对两个齿轮所有的齿都加以观察,以齿面上实际擦亮的摩擦痕迹为依据,并且将接触斑点占有面积最小的那个齿作为齿轮副的检验结果。标准规定,检验接触斑点不得用红丹粉,但可用国内已生产的 CT-1 或 CT-2 等齿轮接触涂料通过着色法进行检验,以此替代接触擦亮痕迹法。检验时,对较大的齿轮副,一般在安装好的齿轮传动装置中检验,对于成批生产的机器中的中小齿轮,允许在啮合机上与精确齿轮啮合检验。

▶▶▶ 知识点 7.4　齿轮的精度等级选择

选择齿轮的精度等级,必须以传动的用途、使用条件以及技术要求为依据,综合考虑齿轮的圆周速度,所传递的功率,工作持续时间,对传递运动的准确性、平稳性、承载均匀性以及使用寿命的要求等多项因素,同时兼顾工艺性和经济性。

齿轮副中两个齿轮的精度等级一般取相同等级的,也可以取不同等级的。取不同等级时,按其中精度等级较低者确定齿轮副的精度等级。

7.4.1　齿轮精度等级的选择方法

选择齿轮精度等级的方法有计算法和类比法,其中类比法应用最广。

精度设计与检测

1. 计算法

齿轮在机械传动中应用最多,既传递运动,又传递动力,其精度等级与齿轮的圆周线速度密切相关,因此可先计算出齿轮的最高圆周线速度,再参考表 7-15 确定齿轮精度等级。

表 7-15　齿轮常用精度等级的应用范围

精度等级		4	5	6	7	8
应用范围		极精密分度机构的齿轮;非常高速并要求平稳与无噪声的齿轮;高速涡轮机齿轮;检查 7 级齿轮的理想精确的测量齿轮	精密分度机构的齿轮;高速并要求平稳、无噪声的齿轮;高速涡轮机齿轮;检查 8 级、9 级齿轮的理想精确的测量齿轮	高速、平稳、无噪声高效率齿轮;航空、汽车、机床中的重要齿轮;分度机构齿轮、读数机构齿轮	高速、动力小而需逆转的齿轮;机床中的进给齿轮;航空齿轮;读数机构齿轮;具有一定速度的减速器齿轮	一般内燃机中的普通齿轮;汽车、拖拉机、减速器中的一般齿轮;航空器中不重要的齿轮;农业机械中的重要齿轮
圆周速度 /(m/s)	直齿	<35	<20	<15	<10	<6
	斜齿	<70	<40	<30	<15	<10

2. 类比法(经验法)

类比法是根据以往产品设计、性能试验、使用过程中所积累的经验以及较可靠的技术资料进行对比,从而确定齿轮精度等级的一种方法。表 7-16 列出了各种常用机器中的齿轮所采用的精度等级,可供选用时参考。

表 7-16　各种常用机器中的齿轮所采用的精度等级

应用范围	精度等级	应用范围	精度等级
单啮仪、双啮仪	2～5	载重汽车	6～9
涡轮机减速器	3～5	通用减速器	6～8
金属切削机床	3～8	轧钢机	5～10
航空发动机	4～7	矿用绞车	6～10
内燃机车、电气机车	5～9	起重机	6～9
轿车	5～8	拖拉机	6～10

7.4.2　齿轮检验项目的选择

齿轮检验项目的选择主要考虑精度级别、项目间的协调、生产批量和检测费用等因素。为保证齿轮的制造精度,在生产中不可能也没有必要对所有误差项目全部进行检验。根据我国多年来的生产实践及目前齿轮生产的质量控制水平,建议供需双方依据齿轮的功能要求、生产批量和检测条件在表 7-17 所示的检验组中选取一个检验组来评定齿轮的精度等级。

表 7-17　常用检验组选择

检验组	检验项目	适用等级	测量仪器
1	F_p、F_α、F_β、F_r、E_{sn}	3～9	齿距仪、齿形仪、齿向仪、摆差测定仪、齿厚卡尺或公法线千分尺
2	F_p、F_{pk}、F_α、F_β、F_r、E_{sn}	3～9	齿距仪、齿形仪、齿向仪、摆差测定仪、齿厚卡尺或公法线千分尺
3	F_p、f_{pt}、F_α、F_β、F_r、E_{sn}	3～9	齿距仪、齿形仪、齿向仪、摆差测定仪、齿厚卡尺或公法线千分尺
4	F_i''、f_i''、E_{sn}	6～9	双面啮合仪、齿厚卡尺
5	F_r、f_{pt}、E_{sn}	10～12	齿距仪、摆差测定仪、齿厚卡尺
6	F_i''、f_i''、F_β、E_{sn}	3～6	单啮仪、齿向仪、齿厚卡尺

设计过程中,检验组的组合方案的选择主要考虑齿轮的精度等级、尺寸大小、生产批量和仪器情况。一般来说,精度高的齿轮宜采用能较好反映误差情况的综合指标,精度较低的齿轮可采用单项指标;成批、大量生产的齿轮宜采用检测效率较高的指标,同一仪器尽量测量较多的指标。需要注意的是,在齿轮精度设计时,如果仅依据 GB/T 10095.1—2022 的某一级精度,且无其他规定时,则该齿轮的同侧齿面的各精度项目均按该精度等级确定其公差或偏差的最大允许值。对于非工作齿面,可以根据供需双方的协议不用提出精度要求,或者对齿轮的工作齿面与非工作齿面给出不同精度要求。

7.4.3　齿轮副侧隙及齿厚极限偏差的确定

齿轮传动装置中对侧隙的要求,主要取决于其工作条件和使用要求,与齿轮的精度等级无关,应另外选择。齿厚极限偏差的确定一般采用计算法。计算法的步骤如下:

1. 计算最小极限侧隙

最小极限侧隙是指在标准温度(20 ℃)下齿轮副无载荷时所需最小的侧隙。设计时选定的最小极限侧隙必须保证补偿传动时由温度上升引起的变形和正常储油润滑。

1)保证正常润滑条件所需的法向侧隙 j_{bn1}

j_{bn1} 取决于润滑方法和齿轮圆周速度,可参考表 7-18 选取。

表 7-18　j_{bn1} 的推荐值

润滑速度	圆周速度 $v/(m/s)$			
	≤10	10～25	>25～60	>60
喷油润滑	$0.01m_n$	$0.02m_n$	$0.03m_n$	$(0.03～0.05)m_n$

续表

润滑速度	圆周速度 v/(m/s)			
	$\leqslant 10$	$10\sim25$	$>25\sim60$	>60
油池润滑	$(0.005\sim0.01)m_n$			

注:m_n 为法向模数(mm)。

2)温升引起的变形所必需的法向侧隙 j_{bn2}

$$j_{bn2}=a(\alpha_1\Delta t_1-\alpha_2\Delta t_2)2\sin\alpha$$

式中:a 为齿轮副的中心距;α_1、α_2 为齿轮和箱体材料的线膨胀系数(1/℃);Δt_1、Δt_2 为齿轮温度和箱体温度对标准温度 20 ℃的偏差;α 为齿轮的压力角,标准齿轮为 20°。

齿轮副所需的最小保证侧隙为

$$j_{bnmin}=j_{bn1}+j_{bn2}$$

2. 计算齿厚上偏差 E_{sns}、齿厚公差 T_{sn} 和齿厚下偏差 E_{sni}

(1)齿厚上偏差。对于齿厚上偏差,可以参考同类产品的设计经验或查阅有关资料进行选取。若无此方面的资料,则可按下述方法计算选取。齿厚上偏差是保证获得最小极限侧隙的齿轮齿厚的最小减薄量,计算时应考虑加工误差和安装误差的影响。通常设两齿轮齿厚上偏差相等,于是

$$j_{bnmin}=2|E_{sns}|\cos\alpha_n$$

因此得齿厚上偏差为

$$|E_{sns}|=j_{bnmin}/2\cos\alpha_n$$

为了提高小齿轮的承载能力,当两个齿轮的齿数相差较大时,小齿轮的齿厚最小减薄量可取得比大齿轮小些。

(2)齿厚公差。齿厚公差由下式计算:

$$T_{sn}=2\tan\alpha_n\sqrt{F_r^2+b_r^2}$$

式中:F_r 为齿圈径向跳动公差;b_r 为切齿进刀公差,其推荐值按表 7-19 选用。

表 7-19 b_r 推荐值

切齿加工方法	齿轮精度等级	b_r	切齿加工方法	齿轮精度等级	b_r
磨	4	1.26IT7	滚、插	7	IT9
	5	IT8		8	1.26IT9
	6	1.26IT8	铣	9	IT10

注:IT 值按分度圆直径查 GB/T 1800.1—2020。

(3)齿厚下偏差:

$$E_{sni}=E_{sns}-T_{sn}$$

7.4.4　齿坯精度的确定

齿坯是指轮齿在加工前供制造齿轮的工件,齿坯的尺寸偏差和形位误差必须加以控制,以免影响齿轮的加工和检验。齿坯公差应标注在齿轮图样上,通常采用齿坯的内孔或端面、顶圆作为齿轮加工、装配和检验的基准。表 7-20 列出了齿坯公差值,表 7-21 列出了齿轮各表面的表面粗糙度推荐值。

表 7-20　齿坯公差值

齿轮精度等级		6	7	8	9
孔	尺寸公差、形状公差	IT6	IT7		IT8
轴	尺寸公差、形状公差	IT5	IT6		IT7
顶圆直径/mm		IT8			IT9
分度圆直径/mm		齿坯基准面径向和端面圆跳动/μm			
≤125		11	18	18	28
>125~400		14	22	22	36
>400~800		20	32	32	50

注:1. 当各项公差精度等级不同时,按最高的精度等级确定公差值。
　2. 当顶圆不作为测量齿厚基准时,尺寸公差按 IT11 给定,但不大于 $0.1m_n$;当以顶圆作为基准面时,齿坯基准的径向跳动是指顶圆的径向跳动。
　3. 孔、轴的尺寸公差与形位公差应遵守包容要求。

表 7-21　齿轮各表面的表面粗糙度推荐值　　　　单位:μm

精度等级	6	7		8	9	
齿面	0.8~1.6	1.6	3.2	6.3(3.2)	6.3	12.5
齿面加工方法	磨或珩齿	剃或珩齿	滚或插	滚或插	滚	铣
基准孔	1.6	1.6~3.2			6.3	
基准轴径	0.8	1.6			3.2	
基准端面	3.2~6.3			6.3		
顶圆	6.3					

注:当三个公差组的精度等级不同时,按最高的精度等级确定 Ra 值。

7.4.5　综合举例

已知一带孔直齿圆柱齿轮,应用于通用减速器。齿轮齿数 $z=32$,模数 $m=3$ mm,齿形角 $\alpha=20°$,中心距 $a=288$ mm,齿宽 $b=20$ mm,$n=1280$ r/min,两轴承跨距为 90 mm,

齿轮材料为 45 号钢,其线膨胀系数 $\alpha_1 = 11.5 \times 10^{-6}$,箱体为铸铁,其线膨胀系数 $\alpha_2 = 10.5 \times 10^{-6}$,齿轮工作温度 $t_1 = 60\,℃$,箱体温度 $t_2 = 40\,℃$,内孔尺寸为 $\phi 40$ mm。试确定齿轮的精度等级、侧隙种类、检验参数及公差值、齿坯精度,并将这些要求标注在齿轮零件图上,齿轮结构如图 7-20 所示。

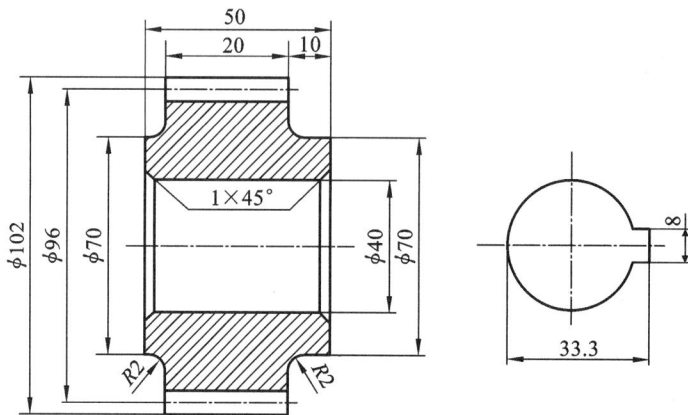

图 7-20 齿轮结构图

1. 确定齿轮的精度等级

由分度圆的圆周速度选取齿轮的精度等级。

$$v = \frac{\pi d n}{60 \times 1000} = \frac{3.14 \times 3 \times 32 \times 1280}{60000} \text{ m/s} = 6.43 \text{ m/s}$$

参考表 7-15 与表 7-16 选取齿轮的精度等级为 7 级。因该齿轮属于一般减速器中的齿轮,对运动准确性要求不高,故其中切向综合总偏差 F_i' 和齿距累积总偏差 $F_p(F_{pk})$ 等指标可选低一级,即选为 8 级精度。

2. 确定最小极限侧隙

按表 7-18,$v < 10$ m/s,保证正常润滑条件所需的侧隙为

$$j_{bn1} = 0.01 m_n = 0.01 \times 3 \text{ mm} = 0.03 \text{ mm} = 30 \ \mu\text{m}$$

补偿热变形所需的侧隙为

$$j_{bn2} = a(\alpha_1 \Delta t_1 - \alpha_2 \Delta t_2) 2\sin\alpha$$
$$= 288 \times (11.5 \times 10^{-6} \times 40 - 10.5 \times 10^{-6} \times 20) \times 2 \times 0.342 \text{ mm}$$
$$= 0.049 \text{ mm} = 49 \ \mu\text{m}$$

因此,最小极限侧隙为

$$j_{bnmin} = j_{bn1} + j_{bn2} = (30 + 49) \ \mu\text{m} = 79 \ \mu\text{m}$$

3. 确定齿厚上偏差

$$|E_{sns}| = \frac{j_{bnmin}}{2\cos\alpha} = \frac{79}{2\cos 20°} \ \mu\text{m} = 42 \ \mu\text{m}$$

$$E_{sns} = -42 \ \mu\text{m}$$

4. 计算齿厚公差

由表 7-19 查得

$$b_r = IT9 = 87 \ \mu m$$

由表 7-3 查得

$$F_r = 43 \ \mu m$$

则

$$T_{sn} = 2\tan \alpha \sqrt{F_r^2 + b_r^2} = 2\tan 20° \times \sqrt{87^2 + 43^2} \ \mu m \approx 70.6 \ \mu m$$

5. 计算齿厚下偏差

$$E_{sni} = E_{sns} - T_{sn} = (-42 - 70.6) \ \mu m = -112.6 \ \mu m$$

6. 确定公法线公称长度

跨齿数

$$k = z/9 + 0.5 = 32/9 + 0.5 = 4$$

公法线长度公称值

$$\begin{aligned} W &= m\cos \alpha [\pi(k - 0.5) + z \operatorname{inv} \alpha + 2x\sin \alpha] \\ &= 3 \times \cos 20° \times [3.14 \times (4 - 0.5) + 32 \times \operatorname{inv} 20°] \text{mm} \\ &= 32.34 \text{ mm} \end{aligned}$$

7. 确定公法线长度极限偏差

$$E_{bns} = E_{sns}\cos \alpha = -42 \times \cos 20° \ \mu m = -39.5 \ \mu m$$

$$E_{bni} = E_{sni}\cos \alpha = -112.6 \times \cos 20° \ \mu m = -105.8 \ \mu m$$

因此,在齿轮工作图上的标注为 $32.34^{-0.0395}_{-0.1058}$。

8. 检验参数的确定

齿轮检验参数一般应尽量满足使用同一仪器测量较多的评定指标这一经济性要求。

根据齿轮的用途,属于小批量生产,一般常用双啮仪测量,由表 7-17 查得评定参数为 F_p、F_α、F_r、F_β、E_{sn}。各项公差值和极限偏差值查表得:$F_p = 53 \ \mu m$、$F_\alpha = 16 \ \mu m$、$F_r = 43 \ \mu m$、$F_\beta = 15 \ \mu m$。

9. 齿坯公差的确定

(1) 内径尺寸精度:查《机械设计手册》,选用 IT7,已知内径尺寸为 $\phi 40$ mm,则内径的尺寸公差带确定为 $\phi 40H7$,采用包容原则。

(2) 齿顶圆可作为加工找正基准,应要求齿顶圆直径公差和径向圆跳动。齿顶圆直径的尺寸公差确定为 $\phi 102H8$,顶圆径向圆跳动为 0.018 mm。

(3) 端面也要作为加工定位基准,所以要求端面圆跳动。设端面定位部分尺寸为 50 mm,则查表 7-20 得端面圆跳动为 0.018 mm。

(4) 各加工表面的表面粗糙度:查表 7-21 得齿面 $Ra = 1.6 \ \mu m$,齿顶圆 $Ra = 6.3 \ \mu m$,齿轮内孔 $Ra = 1.6 \ \mu m$,基准端面 $Ra = 3.2 \ \mu m$,其余表面取 $Ra = 12.5 \ \mu m$。

齿轮零件图如图 7-21 所示。

模数m	3
齿数z	32
齿形角α	20°
变位系数x	0
精度	8F_p7（$F_α$、$F_β$）GB/T 10095.1—2022
齿距累积总偏差F_p	0.053
齿廓总偏差$F_α$	0.016
螺旋线总偏差$F_β$	0.015
公法线长度极限偏差 k=4	32.34$^{-0.0395}_{-0.1058}$

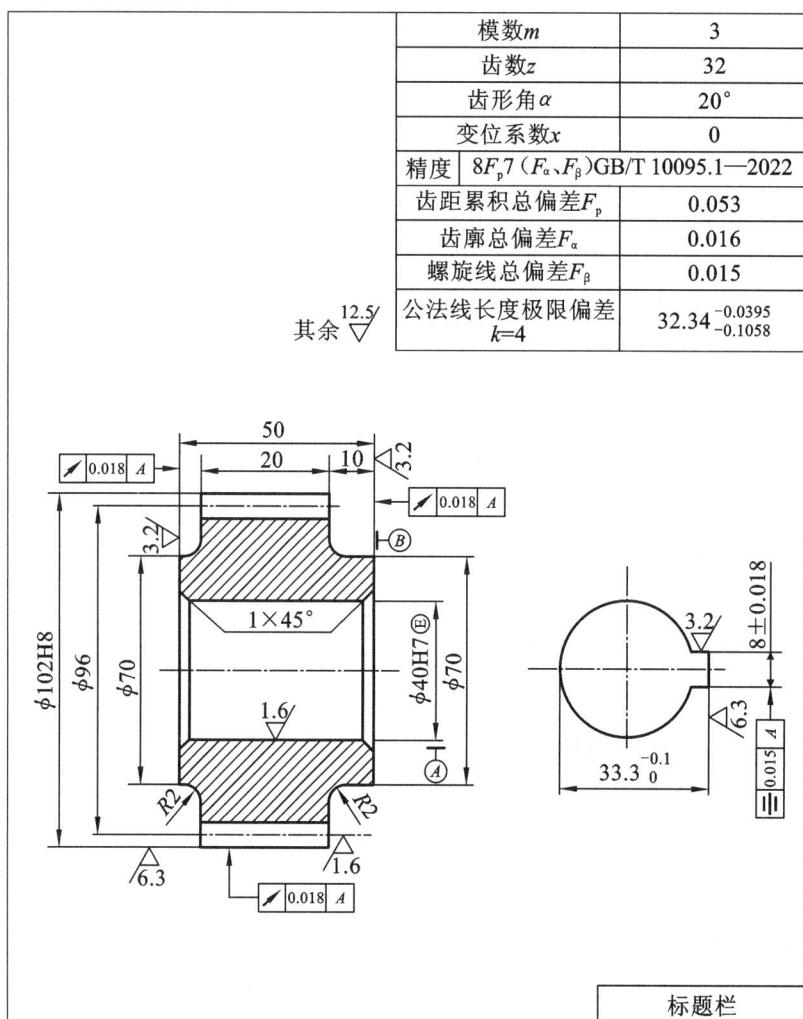

图 7-21 齿轮零件图

![练习题图标] **练习题**

7-1 对齿轮传动有哪些使用要求？齿轮加工误差产生的原因有哪些？

7-2 选择齿轮精度等级的依据是什么？在齿轮精度标准中，为什么规定检验组？应如何进行选择？

7-3 齿轮副侧隙的作用是什么？如何保证齿轮副侧隙？可以表征齿轮副侧隙的指标有哪些？

7-4 如图所示的减速器中输出轴上直齿圆柱齿轮，已知：模数 $m = 3$ mm，齿数 $z = 76$，齿形角 $α = 20°$，齿宽 $b = 63$ mm，中心距 $a = 147$ mm，孔径 $D = 60$ mm，输出转速 $n = 805$ r/min，轴承跨距 $L = 110$ mm，齿轮材料为 45 号钢，减速器箱体材料为铸铁，齿轮工作

温度为 55 ℃,减速器箱体工作温度为 35 ℃,小批量生产。输入轴上齿轮齿数 $z=22$。试确定:

(1) 齿轮的精度等级;

(2) 齿轮的检验组、有关侧隙的指标、齿坯公差和表面粗糙度;

(3) 绘制齿轮零件图。

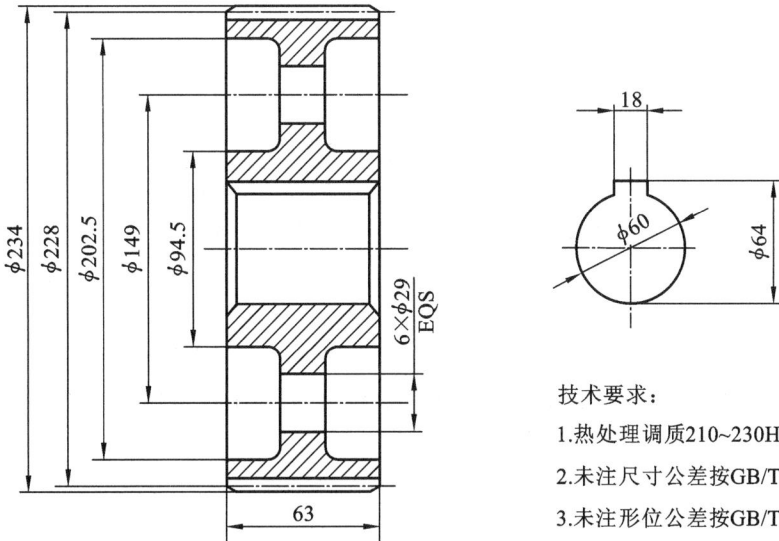

题 7-4 图　齿轮零件结构图

技术要求:

1.热处理调质210~230HBS。

2.未注尺寸公差按GB/T 1804—m。

3.未注形位公差按GB/T 1184—K。

综 合 测 量

1. 分析被测零件图的技术精度要求,确定测量项目。
2. 按照不同的测量项目自行设计测量方案,并选择测量方法和测量器具。
3. 按方案自主完成零件测量的全过程。记录测量数据,分析并判断该零件是否合格,写出检测报告。

思政目标

树立诚信意识,确保测量数据的真实性和可靠性,培养严谨的工作态度及责任感和使命感。培养举一反三、活学活用的能力。

教学及实训准备

教具:课本、实训报告册、绘图工具包。
教学场地:多媒体教室、测量教室(具备轴类零件形位公差检测所用的普通量具)。

》》》 实训项目 11 轴类零件的综合测量

一、实训目的

(1)会根据常见零件的使用功能要求,正确、合理地选择基准、形位公差项目、粗糙度等。
(2)掌握不同测量要素的测量工具选择及使用。
(3)掌握不同测量要素的测量方法和步骤。
(4)能够正确处理测量数据,并判断零件质量是否满足标注要求。

二、使用量具

自主选定本次实训所用量具。

三、实训任务

(1)选择测量量具,完成图示零件测量任务。
(2)完成图示零件关键长度及轴径的测量及检测。
(3)完成图示零件圆度的测量及检测。

（4）完成图示零件圆跳动的测量及检测。

（5）完成图示零件粗糙度的测量及检测。

（6）根据测量数据分析零件的合格情况。

四、实训报告书写

结合前面实训所学内容，自主设计本次测量图样及表格。图样需表达清楚被测要素，表格需包含测量数据、测量工具、测量者等要素。

五、实训参考

测量参考图纸如实训图 11-1 所示。

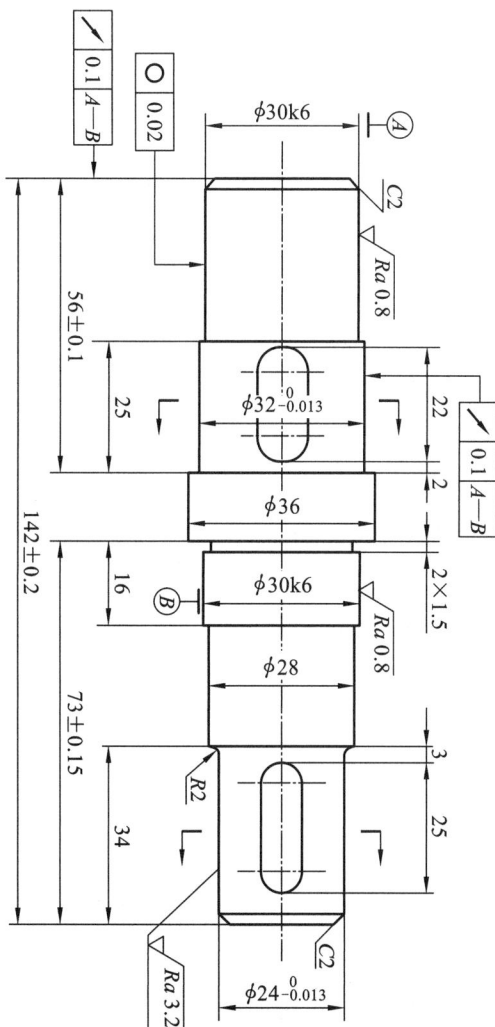

微课视频

实训图 11-1　轴的零件图

参 考 文 献

[1] 汪明玲,彭碧霞. 互换性与测量技术[M]. 北京:化学工业出版社,2011.

[2] 李淑坤,杨普国,钱斌. 公差配合与测量技术[M]. 北京:机械工业出版社,2010.

[3] 张美芸,陈凌佳,陈磊. 公差配合与测量[M]. 北京:北京理工大学出版社,2010.

[4] 王伯平. 互换性与测量技术基础[M]. 北京:机械工业出版社,2008.